本书受国家自然科学基金（71872149；71402136）、陕西省自然科学基金（2015JQ7275）、陕西省教育厅人文社科项目（18JK0544）以及西安理工大学青年社会科学学术创新团队项目（105-451215006）等课题资助

U1071162

经济管理学术文库·管理类

# 工作压力的消极效应与积极效应研究

Research on the negative effect and positive effect of work stress

赵 欣／著

经济管理出版社
ECONOMY & MANAGEMENT PUBLISHING HOUSE

**图书在版编目（CIP）数据**

工作压力的消极效应与积极效应研究/赵欣著. —北京：经济管理出版社，2018.11
ISBN 978-7-5096-6106-2

Ⅰ. ①工… Ⅱ. ①赵… Ⅲ. ①工作负荷（心理学）—研究 Ⅳ. ①B849

中国版本图书馆 CIP 数据核字（2018）第 246423 号

组稿编辑：杨国强
责任编辑：杨国强　张瑞军
责任印制：司东翔
责任校对：张晓燕

出版发行：经济管理出版社
（北京市海淀区北蜂窝 8 号中雅大厦 A 座 11 层　100038）
网　　址：www. E-mp. com. cn
电　　话：(010) 51915602
印　　刷：三河市延风印装有限公司
经　　销：新华书店
开　　本：720mm×1000mm/16
印　　张：14.75
字　　数：252 千字
版　　次：2018 年 11 月第 1 版　　2018 年 11 月第 1 次印刷
书　　号：ISBN 978-7-5096-6106-2
定　　价：68.00 元

**·版权所有　翻印必究·**
凡购本社图书，如有印装错误，由本社读者服务部负责调换。
联系地址：北京阜外月坛北小街 2 号
电话：(010) 68022974　　　邮编：100836

# 前　言

管理学领域的工作压力研究起源于 Karasek 1979 年在 Administrative Science Quarterly 提出的工作要求—工作控制模型。该模型不仅考察了企业情景中的压力源，更重要的是从工作（再）设计的角度提出了缓压建议；该模型不仅关注了工作压力的负面效应，更重要的是指出了工作压力可能具有的积极影响。

近 40 年的时间里，管理学者沿着 Karasek 指出的道路继续前行。大多数学者致力于缓解工作压力所带来的负面效应，他们认为提升员工的自主权，给予员工更多的社会支持，提供工作相关信息的反馈，增强技能多样性、任务完整性和工作重要性可以缓解员工压力；进一步地，他们考虑到员工存在个体差异，认为具有某些心理特质的员工能更好地应对外界压力刺激，或者更适合于采取某种缓压策略。小部分学者对工作压力潜在的积极效应进行了探索研究，他们认为工作压力分“好坏”，“好压力”可以促进员工发展；在某些情况下，工作压力可以促进绩效和创新。

本书采用一分为二的观点看待工作压力，从消极效应与积极效应两个方面入手，开展了六项实证研究。

第一项研究，阐述学界有关提升员工控制缓压与增进员工激励缓压的争议，论述工作自主权、工作反馈、工作社会支持的缓压效应假设，采用回归分析检验假设，研究支持了工作（再）设计通过提升员工控制感以缓解工作压力的论断。

第二项研究，从员工与组织、工作相匹配的观点出发，提出员工个性心理与工作特征相匹配的缓压思路，提出不同成就目标导向与不同工作要求相匹配的研究假设，采用方差分析检验假设，研究支持了心理特征与工作特征相匹配以缓解压力的论断。

第三项研究，探讨常见于媒体报道的情绪宣泄策略是否有助于缓解工作压力，分别采用横截面研究设计、纵贯研究设计检验情绪宣泄的缓压效果，结果一致显示，改变工作以宣泄情绪、交谈以宣泄情绪均无助于缓解工作压力，在解释实证结果的基础上，建议慎用情绪宣泄的缓压策略。

第四项研究，基于工作压力—员工创新的双路径模型提出焦虑、沮丧与员工创新关系的假设；采用纵贯研究设计和回归分析技术展开实证研究，发现不同的工作压力对员工创新的影响机理不同，焦虑对员工创新的影响机理符合创新的持久性路径；而沮丧对员工创新的影响机理则可能经历了“沮丧—反思—转向—创新”的过程。

第五项研究，以 Karasek 的积极学习假设、Bandura 的亲历与观察学习为基础，提出工作压力正向促进员工学习，积极主动个性调节二者关系的假设；采用纵贯数据和回归分析软件进行实证研究，发现对高积极主动员工而言，高工作压力将导致高亲历学习；而无论积极主动性高或低，高工作压力都将促进高观察学习。

第六项研究，区分并指出员工内在成长的重要意义，阐释了工作压力促进员工内在成长的机制与条件，提出假设；分别采用横截面数据、纵贯数据，通过三组回归分析展开实证研究；发现短期来看工作压力对员工成长有负向影响，但长期来看高积极主动个性在面对高工作压力时，能获得内在成长。

本书缘起于笔者在西安交通大学管理学院攻读博士学位期间的论文选题与写作，成稿于笔者在西安理工大学经济与管理学院任教期间的不断尝试。书中的前两项实证研究是笔者博士论文的部分成果，后四项实证研究是工作之后的研究发现。本书顺利完成之际，要向笔者导师西安交通大学管理学院的赵西萍教授致以真诚的感谢，是赵老师一路的关怀和指导将我领进管理研究的大门！要向笔者师弟师妹陈威、于玲玲、汪永星、刘倩，以及笔者硕士研究生黄思萌，本科学生黄雅坤、孙宁、鲜文静表示感谢，他们在文献搜集、数据分析、排版校对方面做了许多工作。最后，感谢国家自然科学基金（71872149；71402136）、陕西省自然科学基金（2015JQ7275）、陕西省教育厅人文社科项目（18JK0544）以及西安理工大学青年社会科学学术创新团队项目（105-451215006）等课题的资助。

# 目 录

# 1 导 论

首先，回顾压力的“刺激观”“反应观”“刺激—反应观”以及组织管理领域中工作压力的定义，借助物理学中的压力概念回答“工作压力是什么”这一基本问题；其次，从工作压力源、个体心理、个体生理、员工行为、企业经济成本五个视角综述工作压力的测度，选择工作压力源、心理压力作为本书实证研究的对象；最后，简述工作压力的消极效应与积极效应，结合实际指出研究中待解决的理论问题，提出本书的内容框架。

## 1.1 工作压力的定义

压力研究涉及多个学科领域和流派，不同学者有不同的关注点，概括而言可分为三类：①压力的“刺激观”，关注外界压力源，强调组织、工作环境因素在压力形成、缓解方面的作用；②压力的“反应观”，关注有机体的反应，强调个体认知等心理因素在压力形成、应对方面的作用；③压力的“刺激—反应观”，认为压力是个人特征与环境刺激相互作用的结果。

不同的压力观对应着不同的压力定义。基于“刺激观”的压力定义关注外界的刺激事件、事物。例如，Caplan Cobb French Van Harrison 和 Pinneau 在 1975 年把压力定义为对个人产生威胁的环境特征的总和。基于“反应观”的工作压力定义关注有机体对压力源所做出的反应。例如，Selye 在 1956 年将压力定义为对任何外在要求的非特异性反应，认为压力是一种焦虑、不安的体验等。基于“刺激—反应观”的工作压力定义兼顾了压力源与个体反应，意味着把压力视为环境刺激（各种压力源）和个人反应（精神、生理、行为）之间交互作用的结果。

一方面，压力研究不断扩展，心理学压力研究成果在不同情境中得以应用和检验；另一方面，管理学界从企业所面对的现实问题出发，开始关注工作情景中的压力。工作压力的定义也随着研究的深入得以不断地发展。

Cooper 和 Marshall（1976）、Beehr 和 Newman（1975）、Karasek 提出，工作压力是与特定工作相关的负面的环境因素，工作压力是由工作环境中的压力源刺激，导致的员工个体心理、生理、行为等的负面反应，从而将工作压力的“刺激源”规定为工作环境。

进一步地，Lazarus（1993）提出，个体认知评价在压力形成过程中起核心作用，这涉及个体对环境的价值评价和个体对自身应对能力的认知评价，当环境要求与个体价值目标不符时，或当个体认为无能力、无资源应对要求时，压力就会产生，从而指出工作压力情境中的员工“反应过程”是员工的认知评价。

后续，某些学者遵循压力的“刺激—反应观”，尝试对工作压力做出定义。如 Beehr 和 Newman 认为，压力是一种条件，在该条件下，各种工作相关的因素和员工之间产生交互作用，并且导致他们心理或生理发生变化，使他们在心理上或生理上偏离正常的功能状态。此定义比前面两种定义更为复杂，原因在于工作环境与员工认知之间的交互作用可以表现出各种方式。

新近的研究中，Urisin 和 Eriksen（2004）以及 Meurs 和 Perrewe（2011）都强调了压力过程中的持续认知观点，认为在整个压力过程中，员工对工作压力源的认知是持续性的，这一观点进一步扩展了人们对工作压力本质的认知。

在工作压力观点、理论、概念不断发展的基础上，本书尝试总结工作压力的定义——工作压力是因工作环境刺激或各种任务要求超过员工自身应对能力或资源（员工对工作失控）而导致的个体心理、生理、行为等的负面反应。

借助物理学中的压力概念来阐释本书所述工作压力相关概念。《辞海》中压力的定义为“垂直作用于物体表面的力”，施加这种作用力的是“负荷”，而这种作用力对物体造成的影响是引起“变形”。管理学研究需关注的是“负荷”，即工作压力系统的输入变量，称为工作压力源；需关注物体的“变形”，即工作压力系统的输出变量，称为工作压力结果。

具体到企业中，大量的、高强度的、紧迫的、快节奏的、突发性的工作任务，以及工作不确定性（含多样性、复杂性、相互依赖性）、角色模糊、角色冲突等都是常见的工作压力源。过量工作超出了人的正常体力，时间要求改变了人的自然生理节奏，不确定的工作使员工难以提前做出计划；模糊的职责界定使员工易于受到责难；相互矛盾的命令使员工无所适从，久而久之，将导致心理、生理、行为等负面结果（详见工作压力测量章节）。简言之，上述工作压力源超过了员工自身能力和资源，破坏了员工对工作结果的把握，使工作任务处于失控的状态，因此导致了工作压力。

## 1.2 工作压力的测量

### 1.2.1 工作压力的五类测量指标

有效测量工作压力是进一步开展实证研究的前提。以往文献中，工作压力的测量指标分为压力源指标、心理指标、生理指标、行为指标、经济指标五大类，国内外相关实证研究总结如下：

压力源指标，较为知名的有工作要求（Job Demands）、挑战性（Challenge Stressors）与阻碍性工作压力（Hindrance Stressors）。早期研究者如 Karasek 将工作压力源比作工作要求，随着研究深入，学者们发现工作要求与员工绩效关系的实证结果存在不一致，进而提出工作压力有“好”“坏”之分，认为好工作压力与高绩效相关。在此基础上，Cavanaugh、Boswell、Roehling 与 Boudueau 于 2000 年提出了两因素模型，一为挑战性压力源，如高工作负担、时间压力、工作范围、高工作责任等，被视为有助于员工学习与成长；二为阻碍性压力源，如组织政治、繁文缛节、角色模糊、工作安全担忧等，被视为个人成长与目标达成的。LePine 和 LePine（2005）通过元分析发现，挑战性压力源对绩效有直接的正向影响；阻碍性压力源对绩效有直接的和间接的负向影响。

**表 1-1 工作压力的测量指标——压力源**

| 测量类别 | 测量指标 | 作者及年份 |
| --- | --- | --- |
| 压力源指标 | 传统： | |
| | 工作要求（Job Demands） | Karasek，1979 |
| | 挑战性压力源： | |
| | 高工作负担（High Workload） | Cavanaugh，2000 |
| | 时间压力（Time Pressure） | LePine，2005 |
| | 高工作责任（High Responsibility） | 张亚军，2016 |
| | 阻碍性压力源： | |
| | 组织政治（Organizational Politics） | Cavanaugh，2000 |
| | 繁文缛节（Red Tape） | LePine，2005 |
| | 角色模糊（Role Ambiguity） | 刘得格，2011 |
| | 工作安全担忧（Concerns about Job Scecrity） | 张亚军，2016 |

心理指标，较为典型的是疲劳感（Fatigue）、工作倦怠（Burnout）。Maslach（1982）定义了工作倦怠，工作倦怠是以情感耗竭、人格解体/去人性化、成就感降低为特征的综合症状。一般认为，工作倦怠常常出现在那些与人打交道的工作中。其中，情感耗竭是因工作中的情感要求而过分扩展、消耗的感觉；与其他工作压力研究中常用的疲劳、工作相关的沮丧/压抑、抱怨、紧张等心理学测量是一致的，具有类似的前因和后果变量。人格解体以对工服务、照顾对象采取一种分离的、愤世嫉俗、玩世不恭的反应为特征。个人成就感降低是员工的自我评价，认为在与客户相关工作中，在履行工作职责方面不再有效、不再起作用。Maslach 最初关于工作倦怠的定义是将这些症状/表现局限在与人打交道的职业中，而不是在那些与物打交道，或与信息打交道的职业中。后续发展中，Demerouti、Bakker、Nachreiner 和 Schaufeli 提出，个人成就感降低与自我效能感类似，不宜作为压力结果的指标，并于 2001 年将个体成就感降低从工作倦怠测量中剔除，将情感耗竭扩展到体力、情感、认知领域，将人格解体扩展为工作疏离。

另外，研究者认为，工作倦怠的三个维度的形成具有一定的时间顺序。Leiter 和 Maslach（1988）认为，情绪衰竭最先出现，并导致去人性化，最终导致个人成就感降低；而 Golembiewski 和 Munzenrider（1988）认为，去人性化首先出现，然后导致个人成就感降低，最终导致情绪衰竭；Leiter 和 Maslach（1993）又修正了前面的论述，提出情绪衰竭与个人成就感降低共同导致了去人性化。

表 1–2 工作压力的测量指标——心理压力

| 测量类别 | 测量指标 | 作者及年份 |
|---|---|---|
| 心理类指标 | 综合性： | |
| | 心理健康特征（Psychological Health Symptoms） | Schaubroeck，2000 |
| | 健康抱怨（Health Complaint） | Watson，1989 |
| | 身心健康（Psychosomatic Health） | Xie jia lin，1996 |
| | 身心抱怨（Psychosomatic Complaints） | Sonnentag，2010 |
| | 身心紧张 | 张韫黎，2009 |
| | 负面： | |
| | 焦虑（Anxiety） | Holman，2002；Jex，1992；Xie，1996 |
| | 沮丧（Depressed） | Holman，2002；Xie，1996 |
| | 疲劳感（Fatigue） | VanYperen，2002 |
| | 挫折（Frustration） | Jex，1992 |
| | 情感耗竭（Emotional Exhaustion） | Taris，2010；De Jonge，1998；Halbesleben，2004 |
| | 人格解体（Depersonalization） | Halbesleben，2004 |
| | 削弱个体技能（Diminished Personal Accomplishment） | Halbesleben，2004 |
| | 正面： | |
| | 工作满意度（Job Satisfaction） | VanYperen，2002；Jex，1992；Xie，1996；张韫黎，2009 |
| | 生活满意（Life Satisfaction） | Xie，1996 |
| | 幸福感（Well-being） | Edwards，1999 |
| | 承诺（Commitment）：情感承诺（Affective）、规范承诺（Normative）、持续承诺（Continuance） | Bakker，2003b |

医学方法，常见的医学方法分为两大类：一是与交感神经系统活动相关的指标，如皮肤点反应（出汗）、呼吸率、心率、血压和肌肉紧张度；二是生化学测量的指标，其中最为常用的指标是儿茶酚胺、肾上腺素、去甲肾上腺素、肾上腺

皮质激素。

医学方法测量，都有一定的特异性和敏感性，即医学指标对某条件下的被试比另一条件下的被试有更好的区分度。生理指标，可能由于个体特征不同而表现出很大差异，在研究中常常采用被试内设计，将这些数据与它的行为基线进行比较。例如，我们在给被试施加压力刺激之前和之后，分别测量和收集他们的血压，然后对前后两个测量值进行比较，而个体之间存在巨大的差异，对不同个体的血压进行比较是有问题的。

生理变量还常常受到身体姿势、躯体运动、咖啡因摄入量、尼古丁水平、饮食中的钠元素含量以及遗传的影响，从而使测量过程更加复杂。Fried Rowland 和 Ferris（1984）对工作压力的生理和生化学测量提出了很多批评。除了心血管系统的研究结果外，并没有其他充分的研究证据能够有效说明生理、生化症状及指标与工作压力之间存在着必然联系。这些研究的构念效度的证据还很薄弱。Fried 等（1998）对以往研究中采用的评价指标进行了统计，这些研究对那些重要而且众所周知的干扰因素进行控制的还不到 50%。目前的研究文献中仍然存在这样的问题。

**表 1-3　工作压力的测量指标——生理压力**

| 测量类别 | 测量指标 | 作者及年份 |
|---|---|---|
| 医学类指标 | 综合性： | |
| | 健康状态（Health Status） | Watson，1989 |
| | 身体健康问题（Somatic Health Problems） | Ganster，1991 |
| | 健康（Health） | Schaubroeck，2001 |
| | 常规体检项目： | |
| | 生理激起：体表温度（Skin Temperature） | Perrewe，1999 |
| | 脉搏（Pulse Rate） | |
| | 体检中的体重（Weight） | Albright，1992 |
| | 血压（Blood Pressure） | Albright，1992 |
| | 心血管系统： | |
| | 心脏扩张收缩血压（Systolic and Diastolic Blood Pressure） | Schaubroeck，1997 |
| | 冠心病危险指标（Coronary Risk Indicators） | Howard，1986 |
| | 冠状病风险（Coronary Risk） | Howard，1986 |

续表

| 测量类别 | 测量指标 | 作者及年份 |
| --- | --- | --- |
| 医学类指标 | 心血管混乱（Cardiovascular Disorder） | Schaubroeck，1994 |
| | 生化系统： | |
| | 动脉血压（Arterial Blood Pressure） | Fox，1993 |
| | 唾液皮质醇（Salivary Cortisol） | Ganster，2001<br>Fox，1993 |
| | 早晚唾液皮质醇分泌（Morning and Evening Saliva Cortisol Secretion） | Ryrtedt，2008 |
| | 皮质醇改变（Cortisol Changes） | Michaud，2008 |

行为测量，受到组织行为学研究者的支持。行为学方法采集的数据包括工作缺勤率（或缺勤天数）、过去一年工作中的事故或工伤的数量、每天吸烟的数量等。

这些数据收集方式既可以要求员工报告自己的行为，查询以往记录、文件或档案，也可以通过观察记录实时发生的行为。研究者认为人们无法精确地记住自己的行为，如人们也许并没有注意过他们每一天的吸烟数量，也无法精确地记起某个月上班迟到几次。这时，实时记录发生的行为是非常行之有效的。

员工的行为常常受到其他因素的影响，例如，离职倾向受多种因素影响，赵西萍等（2003）的研究指出，工作本身的满意感、对提升的满意感、事业生涯开发压力感、感情承诺和对报酬的满意感是影响员工离职倾向的关键变量。

**表 1-4 工作压力的测量指标——员工行为**

| 测量类别 | 测量指标 | 作者及年份 |
| --- | --- | --- |
| 行为类指标 | 工作相关： | |
| | 离职（Turnover） | Jex，1992<br>Schaubroeck，2000 |
| | 离职倾向（Turnover Intentions） | Barsky，2004<br>张韫黎，2009 |
| | 反生产工作行为（Counterproductive Work Behavior） | Lisa，2005<br>Storms，1987 |
| | 旷工（Absenteeism） | Bakker，2003<br>Bakker，2003<br>Dwyer，1991 |

续表

| 测量类别 | 测量指标 | 作者及年份 |
|---|---|---|
| 行为类指标 | 延迟（Tardiness） | Dwye，1991 |
| | 病休（Sick Days） | |
| | 工作场所恃强凌弱行为（Workplace Bullying） | Bailien，2011 |
| | 生活相关： | |
| | 潜在离异（Divorce Potentia） | Beehr，1995 |
| | 酗酒（Drinking Behavior） | |
| | 自杀倾向（Suicide Thoughts） | |
| | 酒精相关问题（Alcohol-related Problems） | Bromet，1988 |
| | 酒精使用（Alcohol Use） | Frone，2008 |
| | 药物使用（Illicit Drug Use） | |
| 经济类指标 | 健康照顾成本（Health Care Cost） | Ganster，2001<br>Manning，1996 |

经济成本，可以从个人、组织、社会三个层面度量，个人层面可采用个人医药消费，组织层面可采用全体员工医疗费用报销总额，社会层面可以采用压力相关疾病的医药总消费等。

压力导致的医药消费以及病假损失等，因个人、组织、社会的医疗体制不同，难以采用同一的统计口径。例如，目前我国至少存在公费医疗、医疗保险、自费医疗三种体系。经济成本的估算，须依赖较为完善的医疗体系。

更重要的是，医药费用受压力之外很多因素影响，个人医药消费的多少与个人遗传体质、个人对健康和疾病的态度、个人收入和享受到的医疗福利相关。

**表 1-5 工作压力的测量指标——经济成本**

| 测量类别 | 测量指标 | 作者及年份 |
|---|---|---|
| 经济类指标 | 健康照顾成本（Health Care Cost） | Ganster，2013<br>Ganster，2001<br>Manning，1996 |

## 1.2.2 工作压力测量指标的比较

本书认为，个体生理指标、员工行为指标、经济成本指标不适宜作为工作压力的测量指标，原因有二：其一，医学指标、行为指标、经济指标是对工作压力的间接测量，是工作压力源、心理压力与其他因素共同作用的结果，本书所要考察的是工作压力消极效应与积极效应的作用机理，应采用工作压力的直接测量；其二，生理结果、行为后果、经济结果可能由多种原因导致，采用上述指标进行实证研究，将导致统计模型中混入一些不相关不可控的因素，使工作压力前因或后果被错估。

医学指标方面，Karasek 等验证了心理压力对压力源与生理疾病关系中的中介作用，研究了工作要求、工作控制对心血管疾病的影响。从心理压力到生理疾病，需要一个过程。如果压力源长时间持续存在，那么压力的短期后果可能会不断累积，转变为更为严重、更长期的后果。例如，当人们感到压力存在时，可能会出现肠胃不适的症状，即压力的短期后果；如果长年累月处于同样的或不同的压力下，可能会使人患肠胃炎，即压力的长期后果。经济指标方面，Ganster（1993，2001）实证研究，发现压力源将通过生理指标如唾液皮质醇的中介作用，导致健康照顾成本。行为指标方面，工作要求—工作资源模型的相关实证研究，多次验证了工作要求导致高情感耗竭，而高情感耗竭导致旷工行为。

进一步地，生理疾病还与个人的生活习惯、遗传因素等有关。例如，长期吸烟与肺部、呼吸道疾病的关系已成为人们常识。压力相关的经济成本与国家的医疗体制、工作单位的报销制度紧密相关，同一疾病不同性质单位的人的用药范围、报销比例不同。行为方面，与工作相关的离职倾向，除受压力影响外，更多地受报酬、晋升等因素的决定；与生活相关的酗酒、离异、自杀等行为倾向更是与多种因素有关。如图 1-1 所示。

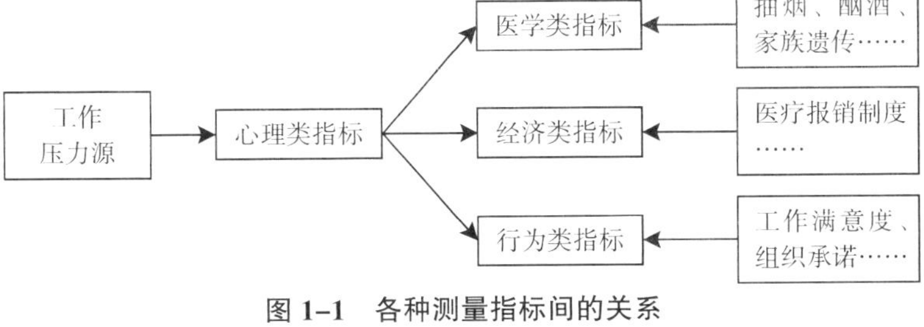


**图 1-1 各种测量指标间的关系**

比较而言，压力源指标、心理压力指标是对工作压力的直接测量。工作压力源是工作特征之一，是组织和管理者可以影响和改变的，心理压力是员工最为直接的感受和反应。有关工作特征和员工心理的研究积累较多，研究量表相对成熟，观测周期较短，实证研究的成本相对较低。

具体到压力源指标，本书发现，随着研究的深入，工作要求逐渐被细分为高工作负担、时间压力、工作范围、高工作责任、组织政治、繁文缛节、角色模糊与冲突、工作安全担忧等；不同职业、不同岗位的主要压力源各不相同。为得出具有普适性的研究结论，本书将工作要求分为工作量要求与工作复杂性要求，在有些章节还采用工作问题作为知识型员工的压力源测量指标。

对于各类职业而言，工作量和工作复杂性都具有普遍意义。工作量要求可以涵盖警察与消防人员的“工作轮班”“超负荷的工作量”，社会工作者与教师的“大量的文字工作”“过重的工作负荷”，医护工作者的“工作负荷”“工作轮班”，航空交通控制员的“工作负荷”，办公室和管理人员的“超负荷”，高科技工作者的“量的工作负荷”，饭店服务员的“长时间服务”。工作复杂性可以涵盖警察与消防人员的“警报不确定性”“与同事上级冲突”，社会工作者与教师的“缺乏设备设施”“与官僚机构交往”，医护工作者的“工作复杂性”“与病人打交道中的人际问题”，航空交通控制员的“设备不足”，办公室和管理人员的“角色冲突模糊”“艰难的工作关系”，高科技工作者的“质的工作负荷”，饭店服务员的“客户沟通”“客户投诉”。如表 1-6 所示。

**表 1-6　不同职业的压力源**

| 职业 | 压力源 |
| --- | --- |
| 警察与消防人员 | 身体危险、与同事上级冲突、工作轮班、缺乏公众支持、超负荷的工作量、工作前景模糊、警报的不确定性 |
| 社会工作者与教师 | 大量的文字工作、缺乏设备设施、缺少公众的积极反馈、与官僚机构交往中的挫折感、过重的工作负荷 |
| 医护工作者 | 工作负荷、工作复杂性、与病人打交道中的人际问题、工作轮班、缺少私人时间、暴力事件 |
| 航空交通控制员 | 设备不足、工作负荷、对发生事故的担忧 |
| 办公室和管理人员 | 超负荷、缺乏灵活性、角色冲突模糊、艰难的工作关系 |
| 高科技工作者 | 质的工作负荷（Qualitative Overload）与量的工作负荷（Quantitative Overload） |
| 饭店服务员 | 与客户沟通、客户投诉、长时间服务等 |

具体到心理指标，本书发现，焦虑、沮丧、疲劳感、情感耗竭、满意度、承诺等都可以，并且曾经作为工作压力的测量指标。换句话说，心理测量指标数量较多，概念相近或重叠，而测量工具不统一，不利于研究比较与知识积累。针对此现象，Warr（1990）提出将情绪按照高兴—不高兴、激起—消沉两个维度进行分类，并采用839男、847女的大样本验证了这一框架。本书基于Warr的研究框架，采用焦虑和沮丧作为工作压力的测量。需要强调的是，焦虑和沮丧同是负面的心理情感，却具有不同的意义。焦虑与沮丧的最大区别在于心理激起的程度不同，前者的心理激起程度高于后者。整个工作压力系统中，个体的心理激起是一个重要的环节，心理激起持续时间长，意味着个体花费更多的心理能量认知压力源、解释压力源、应对压力源，心理激起的程度与持续时间与个体的压力应对、压力的积极后果密切相关。

## 1.3 工作压力的消极效应与积极效应

当代社会，工作压力已成为普遍现象。借用狄更斯的名言——“这是一个最好的时代，也是一个最坏的时代”，本书认为，工作压力既有广为人知的消极一面，也有鲜为人知的积极一面。

### 1.3.1 工作压力的消极效应

工作压力给企业的人力资源管理带来困难，使企业付出巨大的经济成本。如刘璞、谢佳琳、井润田（2005）对5000名国企员工调查发现，员工的工作压力将降低工作满意度；赵西萍、刘玲、张长征（2003）对员工离职倾向影响因素调查也表明，组织中角色压力、组织内部管理压力、工作特有压力、组织内部关系压力、组织生涯开发压力是影响员工离职倾向的主要因素；赵欣、赵西萍、梁栋（2009）对11家医疗机构近400名员工调查发现，高工作要求情境中内部激励手段与外部激励手段不兼容，即工作压力将对企业管理提出新挑战。满意度降低、离职，以及激励困难，国内管理者开始逐渐意识到工作压力带来的员工工作效率的降低和管理难题。

相对于国外较完备的法律系统，国内涉及工作压力的劳动纠纷法律法规相对缺乏，操作起来也有诸多困难；同时，我国医疗卫生保障系统也存在多种形式，不同性质企业医疗报销比例不同，因此，难以对工作压力的经济成本做出调查统计。尽管如此，我们仍可以发现，国内在线法律咨询网站上有关工作压力导致精神疾病、工作压力导致自杀等的法律求助越来越多。《重庆商报》还报道了一起因工作紧张频发头痛，确诊为精神分裂症的某销售人员，在法律中心援助下获赔 7 万元的事例。逐渐增多的精神疾病、工作压力相关的劳动纠纷，如果任其发展，必将成为企业巨大的经济负担。

工作压力对员工心理造成负面影响，进而导致生理健康问题，严重影响员工正常生活，甚至威胁生命。国内的调查主要关注了工作压力对员工认知记忆和焦虑抑郁两方面的影响。重庆长安公司在网络进行的“上班族亚健康大调查”，北京、上海、重庆、广州等全国各地共 58912 人参加，调查显示，记忆力下降居亚健康症状的第一位。中国健康教育中心主任毛群安指出，根据中国健康教育中心针对我国 6 省市 13177 名职业人群心理健康状况的调查显示，我国职业人群的焦虑和抑郁状况较为严重，过半人群存在抑郁症状，分别有 25.6%、23.%和 1.58%的人处于轻度、中度和重度抑郁。工作压力影响认知判断、影响情绪已成为社会共识，大众开始尝试各类缓解压力的办法，面向个人服务的心理咨询机构的涌现就是例证。

国内的调查主要关注了工作压力与肠胃疾病、内分泌疾病的关系。肠易激综合症，又称为功能性肠胃疾病，其发病与心理压力过大、精神紧张等有关，相当一部分患者还伴有失眠、焦虑、抑郁、头昏等症状。流行病学调查表明，消化内科就诊患者中，符合肠易激综合症诊断的患者为 34.3%。湖北省妇幼保健院乳腺病防治中心的统计显示，某 3 个月内来就诊的 6000 多名女性中，有八成患有不同程度的乳腺疾病，乳腺病防治中心主任薛明兴认为，收入高的女性工作压力大，更容易出现内分泌问题。工作压力可致病的观点近来已逐渐为大家接受，但对压力与具体疾病间的认知仍然落后于国外。

2018 年 3 月 21 日在世界睡眠日当天发布的《2018 中国互联网网民睡眠白皮书》显示，工作压力大已经成为影响睡眠质量的“罪魁祸首”，七成互联网用户深受其影响，超58%的网友表示会牺牲睡眠时间完成最重要的工作。杭州一项对500余名不同年龄段人调查发现，年轻白领午夜入睡的比例接近80%，医学普遍认为成年人一天所需睡眠时间为7~8小时，参照此标准被调查者中仅有36%能保证正常所需睡眠时间。对“您觉得每天够睡吗”这个问题，49%的被调查者觉得不太够，有10%认为非常缺，而问及造成睡眠不足的原因时，“工作压力过大”成为榜首。另外，自2010年1月23日富士康员工“第一跳”截至2010年11月5日已发生14起跳楼事件，引起社会各界乃至全球的关注。随着企业过劳死事件、跳楼事件不断被媒体曝光，工作压力严重影响员工生活、甚至生命，已成为大家热议的话题。

### 1.3.2 工作压力的积极效应

尽管工作压力会导致种种负面后果，但工作压力亦有积极的一面。从古至今，不乏压力促成善果的实例。三国时代，曹植的“煮豆燃豆萁，豆在釜中泣。本是同根生，相煎何太急?”就是在面临生死压力的情况下，急中生智、七步成诗。这里的“急中”就是处于压力情景之中，而“生智”则是指压力促成曹植诗歌创作。近代中国饱受列强蹂躏，在亡国灭种的压力之下，魏源提出了“师夷长技以制夷”的主张，其后洋务派、维新派、革命派等仁人志士纷纷放眼世界、寻求救国道路。中华人民共和国成立后，在内忧外患的压力中，以邓稼先、钱学森为代表的一批优秀科学家实现了“两弹一星”的突破。中国传统文化中，道家“祸福相依”的朴素辩证法思维，也蕴含着压力具有积极一面的道理。

工作压力有助于提升企业组织的绩效。舒晓兵（2006）在对比研究了我国国有企业与民营企业管理人员工作压力对工作效率的影响，发现国有企业管理人员由于工作压力较低，从而导致工作效率也较低；民营企业管理人员工作压力较高，而且工作效率也比较高。舒晓兵指出，国有企业的工作压力尚未能达到最大限度提升工作绩效的水平。衣春霞和武任恒（2014）对高职院校教师群体的职业压力进行研究，提出职工压力不仅有消极作用还有积极作用的观点。他们认为适度的压力可以有利于提高工作的效率，激发工作潜力。赵秀清（2014）对448名知识性员工及其129名主管的调查发现，对于职业发展压力和工作—家庭冲突压力来说，具有高的积极应对策略的员工，更可能把工作压力看作是动力，从而促进工作绩效的改善。黄斌、朱缜、林雪琴（2015）对商业银行、信用合作社、保险公司、信托投资公司等金融行业员工的调查中发现，挑战性压力源有助于形成积极情绪，进而促进员工的工作投入；而阻碍性工作压力源则降低积极情绪，导致员工工作投入降低。刘新梅、韩骁等（2015）运用问卷调查法分析了 396 位银行的一线员工，也发现了类似的结论。

工作压力提升企业绩效是通过促进员工学习与成长实现的。卜蒙（2013）对大连 IT 企业员工进行了问卷调查，发现上级的高要求、同事间的竞争、绩效考核等工作压力对软件开发人员的主动学习有促进作用；软件开发人员的积极学习最终促进绩效改进。甘凯、赵欣（2013）对西安多家研究院所的研发人员开展问卷调查也发现，工作压力带来的差距感能激励员工学习并提升自身能力，员工学习有助于其采用更为积极的策略。

## 1.4 本书的内容框架

本书将一分为二地考察工作压力，一方面从工作压力的消极效应出发，探索企业和员工可采用的缓压策略及其缓压效果；另一方面从工作压力的积极效应出发，考察工作压力对员工创新、学习、成长的积极影响及其条件。本书的内容如图 1–2 所示。

本书共包括导论（第 1 章）、上篇工作压力消极效应研究（第 2、3、4、5 章）、下篇工作压力积极效应研究（第 6、7、8、9 章）三个部分：

第 1 章是导论，主要介绍工作压力的定义、工作压力的测量，提出一分为二地看待工作压力的影响，作为后续实证研究的基石。

第 2 章是工作压力消极效应研究的综述，回顾工作设计流派和个体差异流派提出的缓压策略及效果，指出研究不足。

第 3 章是工作设计的缓压效应研究，实证考察工作自主权、工作反馈、工作社会支持等工作资源的缓压效应，驳斥员工激励策略如技能多样性、任务完整性、任务重要性等具有缓压作用的观点。

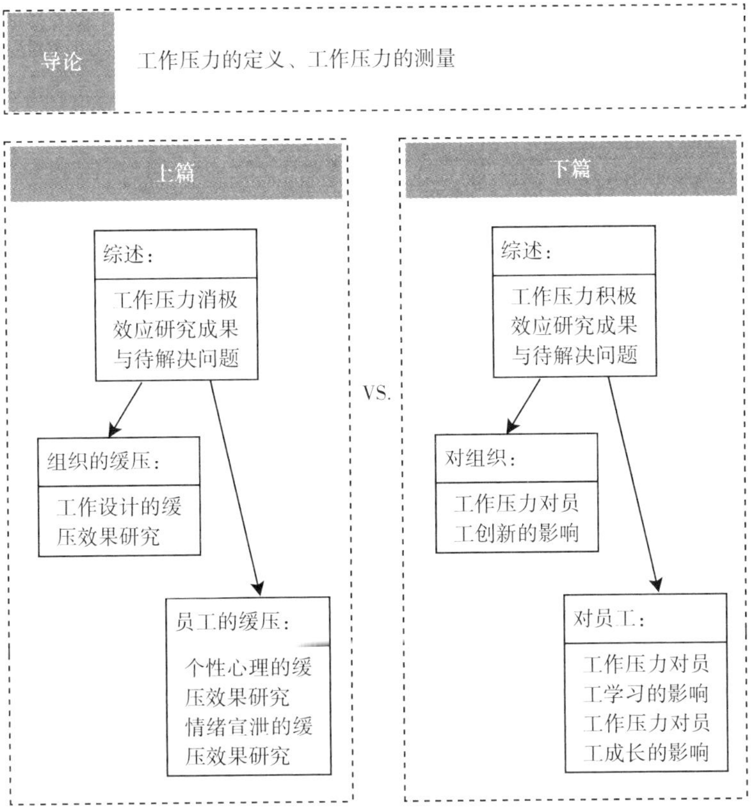


**图 1-2 本书内容框架**

第 4 章是员工个性心理的缓压效应研究，从个体与组织、员工与工作相匹配的视角出发，构建成就目标导向与不同工作要求的匹配模型，实证研究发现，高工作复杂性与趋近目标导向匹配、高工作量要求与高绩效目标导向匹配的缓压模式。

第 5 章是员工情绪宣泄的缓压效应研究，对常见诸各类媒体却未得到规范检验的情绪宣泄缓压策略展开实证研究，基于横截面数据和纵贯数据的统计分析结果一致表明，改变工作以宣泄情绪、交谈以宣泄情绪均无助于缓解工作压力，建议慎用情绪宣泄的缓压策略。

第 6 章是工作压力积极效应研究的综述，回顾工作压力对工作绩效、员工学习、员工成长的国内外研究文献，指出研究的不足。

第 7 章是工作压力对员工创新的影响研究，基于工作压力—员工创新的双路径模型提出理论假设，采用 202 份纵贯研究数据进行回归分析发现工作压力与员工创新呈倒“U”形关系，指出“工作压力——持续探索——员工创新”和“工作压力——否定转向——员工创新”两种压力创新机制。

第 8 章是工作压力对员工学习的影响研究，以 Karasek 工作要求—控制模型的学习假设、工作压力的控制模型、班杜拉的亲历与观察学习理论为基础提出假设，采用纵贯研究数据进行回归分析发现，工作压力能促进亲历式的试错学习，这一结论仅适用于部分员工；工作压力正向促进观察学习，这一结论具有重要意义。

第 9 章是工作压力对员工成长的影响研究，回顾危机理论并区分员工的内在成长与外在成长，在此基础上提出理论假设；基于横截面数据和纵贯数据的统计分析结果一致表明，对高积极主动个性员工而言，工作压力能促进员工内在成长；对低积极主动个性员工而言，工作压力有碍于成长。

# 2 工作压力消极效应研究综述

工作压力危害着员工身心健康，导致一系列低效的，甚至是反生产行为，对企业绩效带来了负面影响。针对工作压力的消极效应，组织管理学者开始了缓压研究，从工作设计与再设计、人员甄选与培训两方面寻找有效的缓压策略。

## 2.1 工作设计流派的研究综述

工作设计流派认为工作压力是由工作环境中的“刺激”所导致的，其缓压模型构建以组织和管理可设计的工作特征为前因，其结论的实践意义是通过工作设计与工作再设计提供更多的工作资源，以缓解员工压力。

### 2.1.1 工作要求—控制模型及其扩展

Karasek（1979）提出的工作要求—控制模型（Job Demands-control Model，JDC）具有里程碑意义。该模型以“权责匹配”的管理原则为基础，同时关注了工作压力源（工作要求，Job Demands）与工作压力缓解因素（工作决策自由度，Job decision Latitude），研究以提供工作设计、工作再设计的政策建议为目的，激起了管理学界对工作压力的关注。

Karasek 在研究中回顾了前人工作压力实证研究中的混乱结果，认为众多研究结论不一致的原因有二：其一，以往研究中的工作特征、工作环境的概念界定不清；其二，以往研究没有考虑非线性关系、非加和关系。Karasek 将压力相关的工作环境因素做了区分，认为工作要求是强加于员工的负荷，而工作决策自由度允许员工自由决定以达成要求，理清了不同工作特征所涉及的压力机制。进而提出两个主要假设，高工作要求与低决策自由度同时存在会导致“高压力工作”；高工作要求与高决策自由度同时存在，则会出现正面的结果——健康的身心状况与较高的工作激励——即 Karasek 所谓的“积极工作”。如图 2-1 所示。

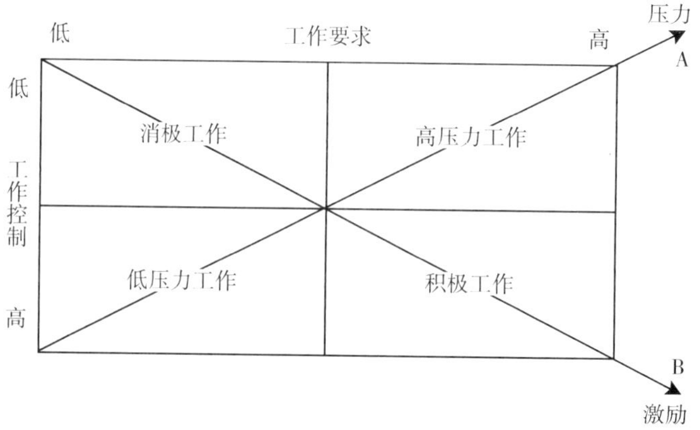


**图 2-1　工作要求—工作控制模型**

实践层面，工作要求代表了整个公司的产出，决策自由度与公司的权力结构、技术相关，模型的潜台词是，因组织产出水平导致的精神压力，会因组织权力结构的灵活性、普遍分享性而不同。换句话说，该模型得出了极具实践意义的研究结论：在不降低工作要求的前提下，组织可通过重新开展工作设计、提高员工的工作决策自由度，达到有效缓解员工压力、提升工作激励的目的。

必须说明的是，Karasek（1979）的工作要求—控制模型，从理论基础、概念界定、变量测量、管理建议都贯穿了管理学思维。例如，Karasek 提出以往研究中的过载（Overload）不适合作为工作压力源，因为过载即意味着外界要求超过了员工自身能力，这一测量混合了工作环境因素和个人因素，是一个混合了两方面因素的概念。混合概念，不仅转移了研究的关注重点，而且不能够得出关于工作环境或者员工个人的政策建议。因此，可以说 Karasek（1979）的研究真正开启了管理学领域对工作压力的关注。

众多学者对 Karasek 的 JDC 模型进行了检验和完善。Johnson 与 Hall（1988）把孤立压力引入 Karasek 的 JDC 模型，提出工作要求—控制—支持模型（Job Demands-control-support Model，JDCS）。该研究指出，JDC 模型的经典预测只存在于高工作社会支持条件下；在低工作社会支持的环境中，结论与原模型预测不一致；其研究数据显示，在高工作要求、高工作控制与低工作社会支持的样本组内，工作压力是最高的。在吸收 Johnson 与 Hall 研究成果的基础上，Karasek 与其同事认为，工作社会支持可作为员工应对高工作压力的重要资源，缓解高压力工作造成的负面效应，进一步从形式上确认了 JDCS 模型。

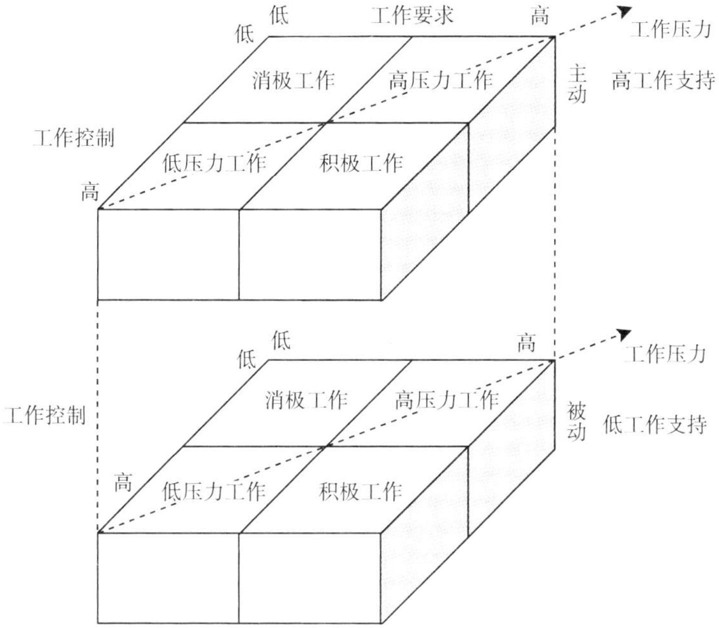


**图 2-2 工作要求—控制—支持模型**

必须强调的是，JDC 模型与 JDCS 模型是一脉相承的，都强调了员工控制。JDC 模型中的工作决策自由度包含了技能发展与工作自主权，二者的功能都是增强员工对工作结果的把控。后续，Johnson 与 Hall（1988）、Karasek 与 Theorell（1990）的 JDCS 模型，重点是加入了工作社会支持，其是上级、同事的口头或行为的支持是一种重要资源，员工可以运用这些社会资源应对挑战，提升对工作的控制感、缓解压力。

### 2.1.2 工作要求—资源模型及其改进

Demerouti Bakker Nachreiner Schaufeli（2001），在总结以往实证研究的基础

上，扩展充实了工作要求、工作资源，提出工作要求—资源模型（Job Demands-resource Model，JDR）。

该模型认为，组织在体力方面、社会方面、组织方面向员工提出要求，要求员工提供持续的体力与精神方面的努力，因此，工作要求使员工承受一定的生理、心理成本，例如，体力负荷、时间压力、客户接触、物理环境、工作变化等。工作的某些方面可以帮助员工达成工作目标、可以减少工作要求相关的生理心理成本、可以促进员工个人成长发展，可统称为工作资源，例如反馈、报酬、工作控制、决策参与、工作安全、上级支持资源等。工作资源可分为内部资源（认知特点、行为模式）和外部资源（组织和社会），JDR 模型强调外部资源。

JDR 模型关注两个重要过程，其一是能量驱动过程（Energy Driven Precess），其二是动机驱动过程（Motivation Driven Process），对应着两项重要假设，健康损害假设（Health Impairment Hypothesis）即高工作要求导致繁重的体力脑力劳动，产生生理心理成本，最终导致工作倦怠；动机假设（Motivational Hypothesis）即工作资源缺乏将影响工作目标达成与个人成长，最终导致激励丧失、退缩行为。Demerouti、Bakker、Nachreiner 和 Schaufeli（2001）采用教师、护士等与人打交道的职业员工样本，生产线工作等与物打交道的职业、航空管制、控制室操作等与信息打交道的职业员工样本进行了实证研究，结果支持假设。这里需要关注的是，JDR 最初模型认为工作要求与工作资源的交互效应不存在，如图 2-3 所示。

实践层面，JDR 模型包含了众多工作特征变量，可为不同行业（不同行业具有不同的工作环境特征）的企业组织、员工提供压力缓解的建议。

Bakker 与 Demerouti（2008）的综述文献中将 JDR 模型做了改进，认可了工作要求与工作资源的交互项对工作压力与工作动机的影响，提出了基于交互效应的 JDR 模型（见图 2-4）。模型认为，高要求与高资源将导致中等水平压力与高水平动机；高要求与低资源将导致高水平压力与低水平动机；低要求与高资源将导致低水平压力与高水平动机；低要求与低资源将导致低水平压力与中等水平动机。

本书将 JDR 模型、JDR 改进模型相关的实证研究结果归纳为三个方面，即工作要求与工作压力的关系、工作资源与工作投入以及工作压力的关系、工作要求与工作资源的交互效应三个方面，汇总如表 2-1 所示。

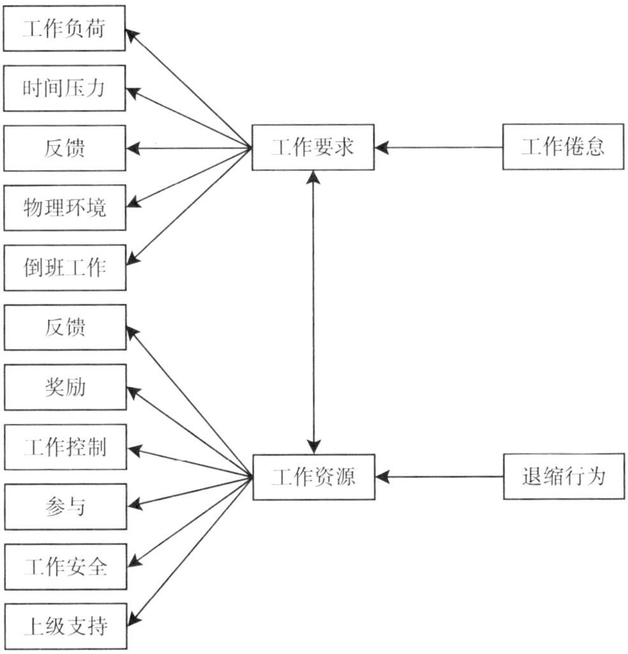


图 2-3　工作要求—资源模型

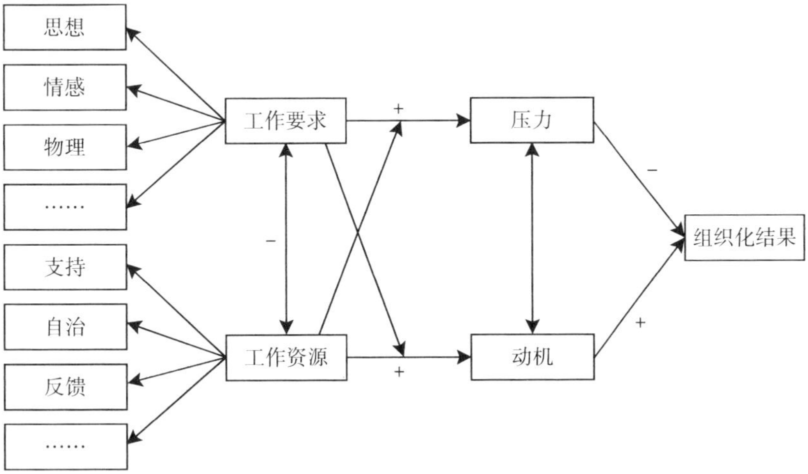


图 2-4　工作要求—资源改进模型

**表 2-1 JDR 模型的实证研究结果——工作要求与工作压力关系**

| 工作要求测量 | 研究结果 | 作者及年份 |
|---|---|---|
| 工作负荷（Workload）、任务变化（Changes in the Task）、情感要求（Emotional Demands）、电脑问题（Computer Problems） | 工作要求通过健康问题、精疲力竭（Exhaustion）、重复性过度劳累损伤（Repetitive Strain Injury-RSI）、导致旷工行为（Absenteeism） | Bakker，2003 |
| 工作负荷、工作重组（Reorganization） | 工作要求通过正向影响工作倦怠（Burnout）含精疲力竭、愤世嫉俗（Cynicism），工作倦怠正向影响持续旷工行为（Absence Duration） | Bakker，2003 |
| 工作强度（Work Pressure）、情感要求、工作家庭冲突（Work-home Conflict） | 工作要求通过精疲力竭导致角色内绩效降低（In-role Performance） | Bakker，2004 |
| 工作负荷、时间强度（Time Pressure）、接待性沟通（Recipient Contact）、物理环境（Physical Environment）、倒班工作（Shift Work） | 工作要求与精疲力竭正相关 | Demerouti，2001 |
| 学生的行为问题（Pupil Misbehavior）、工作负荷、物理环境 | 工作要求通过工作倦怠含精疲力竭、愤世嫉俗，导致不健康（Ill health） | Hakanen，2006 |
| 工作负荷、工作内容（Work Contents）、物理环境 | 工作要求与跨期的工作倦怠含精疲力竭、推脱（Disengagement）正相关；工作倦怠与跨期的沮丧（Depression）正相关 | Hakanen，2008 |
| 工作负荷、情感要求、情感不和谐（Emotional Dissonance）、组织改变（Organizational Changes） | 个人资源（Personal Resources）含自我效能组织为基础的自尊（Organizational-based self-esteem）缓解工作要求和精疲力竭间的正向关系；工作要求中介个人资源和精疲力竭间的关系 | Xanthopoulou，2006 |

对表 2-1 中的研究结果做简单归纳，工作要求分为：①工作量要求、时间要求；②情感要求、接待性沟通、情感不和谐；③任务变化、工作重组、组织改变、倒班；④物理环境，它们与工作倦怠以及三个子维度有着正向关系。

**表 2-2 JDR 模型的实证研究结果——工作资源与工作压力关系**

| 工作资源测量 | 研究结果 | 作者及年份 |
|---|---|---|
| 社会支持（Social Support）、<br>上级辅导（Coaching by the Supervisor）、<br>绩效反馈（Performance Feedback）、<br>时间控制（Time Control） | 工作资源通过参与（Involvement）、情感承诺（Affective Commitment）、奉献（Dedication）、导致离职倾向（Turnover Intentions）<br>工作资源与健康问题负相关，健康问题与离职倾向正相关 | Bakker，2003 |

续表

| 工作资源测量 | 研究结果 | 作者及年份 |
|---|---|---|
| 工作控制（Job Control）、决策参与（Participation） | 工作资源正向影响承诺（Commitment）含情感承诺（Affective）、规范承诺（Normative）、持续承诺（Continuance）<br>工作资源正向影响承诺，承诺影响负向影响旷工频率（Absence Frequency） | Bakker，2003 |
| 自治（Autonomy）、发展可能性（Possibilities Development）、社会支持（Social Spport） | 无<br>工作资源通过推脱（Disengagement）导致角色外绩效（Extra-role Performance）降低 | Bakker，2004 |
| 工作控制（Job Control）、上级支持（Supervisor Support）、信息（Information）、组织氛围（Organizational Climate）、创新（Innovativeness）、欣赏（Appreciation） | 工作资源与工作投入（Work Engagement）含活力（Vigor）、奉献（Dedication）、专注（Absorption）正相关<br>无 | Bakker，2007 |
| 反馈（Feedback）、奖励（Rewards）、工作控制（Job Control）、参与（Participation）、工作安全（Security）、上级支持（Supervisor Support） | 无<br>工作资源与推脱（Disengagement）负相关 | Demerouti，2001 |
| 工作控制（Job Control）、上级支持（Supervisor Support）、信息（Information）、社会氛围（Social Climate）、创新氛围（Innobative Climate） | 工作资源通过工作投入（Work Engagement）含活力（Vigor）、奉献（Dedication）影响组织承诺（Organizational Commitment）；工作要求与工作资源负相关<br>工作资源与工作倦怠（Burnout）、精疲力竭（Exhaustion）、愤世嫉俗（Cynicism）负相关；工作倦怠与组织承诺负相关；工作资源通过工作倦怠影响工作投入 | Hakanen，2006 |
| 技艺（Craftsmanship）、专业联系（Professional Contacts）、与同事的互动（Interacting with Colleagues） | 工作资源与跨期工作投入（Work Engagement）含活力（Vigor）、奉献（Dedication）正相关，工作投入与跨期组织承诺正相关<br>工作资源与跨期的工作倦怠负相关；工作倦怠与跨期组织承诺负相关 | Hakanen，2008 |
| 自治（Qutonomy）上级辅导（Supervisory Coaching）专业发展的机会（Pooprtunities for Professional Develipment） | 工作资源中介个人资源（Personal Resources）含自我效能（Self-Efficacy）组织为基础的自尊（Organizational-based Self-esteem）和工作投入（Work engagement）含活力（Vigor）、奉献（Dedication）、专注（Absorption）间的关系；个人资源中介工作资源和工作投入间的正向关系<br>无 | Xanthopoulou，2007 |

表 2-2 以 JDR 改进模型为基础，同时关注工作资源的动机假设以及压力缓解假设，8 项研究中的 6 项验证了工作资源与工作倦怠负相关。对表 2-2 做简单归纳，工作资源涉及：①工作控制、决策参与、自治、时间控制，②反馈、信息、绩效反馈，③上级支持、上级辅导、社会支持、同事互动，④发展可能性、专业发展，⑤奖励，⑥工作安全等，它们与承诺、工作参与、工作投入等正相关，与工作倦怠负相关。

**表 2-3　JDR 模型的实证研究结果——工作要求与工作资源的交互效应**

| 工作要求与工作资源的交互 | 研究结果 | 作者及年份 |
| --- | --- | --- |
| 工作要求：工作强度（Work Pressure）、情感要求（Emotional Demands）、工作家庭冲突（Work-home Conflict）、工作资源：自治（Autonomy）、发展可能性（Possibilities Development）、社会支持（Social Spport） | 工作资源可以缓解工作要求与精疲力竭（Exhaustion）间的正向关系（未验证）；精疲力竭与推脱（Disengagement）正相关 | Bakker，2004 |
| 工作要求：工作负荷（Work Overload）、情感要求（Emotional Demands）、物质要求（Physical Demands）、工作家庭冲突（Work-home Interference）、工作资源：社会支持（Social Support）、与上级关系质量（Quality of the Relationship with the Supervisor）、自治（Autonomy）、绩效反馈（Performance Feedback） | 高专业教育群体中，高工作要求和低工作资源的交互效应预测工作倦怠（Burnout）含精疲力竭（Exhaustion）、愤世嫉俗（Cynicism），工作资源缓解工作要求与工作倦怠间的正向关系 | Bakker，2005 |
| 工作要求：学生问题行为（Pupil Mis behavior）<br>工作资源：工作控制（Job Control）、上级支持（Supervisor Support）、信息（Information）、组织氛围（Organizational Climate）、创新（Innovativeness）、欣赏（Appreciation） | 工作资源缓解学生问题行为和工作投入（Work Engagement）含活力（Vigor）、奉献（Dedication）、专注（Absorption）间的负向关系；当老师面对高水平的学生问题行为时，工作资源对工作投入的影响更强 | Bakker，2006 |
| 工作要求：工作负荷（Qualitative Workload）物理环境（Physical Environment）情感不和谐（Emotional Dissonance）负面改变（Negative Changes）<br>工作资源：工作控制（Job Control）、创新（Innobativeness）、所需专业技能的多样性（Variability of Required Professional Skill）、同伴联系（Peer Contacts）、积极的（Patient）、联系（Positive Patient Contacts） | 工作资源缓解工作要求与工作投入（Work Engagement）含活力（Vigor）、奉献（Dedication）、专注（Absorption）间的正向关系；在高工作要求条件下，工作资源与工作投入间的正向关系最强 | Hakanen，2005 |

基于对实证研究的综述，Bakker 与 Demerouti 强调不同的工作资源可以缓解由不同的工作要求导致的压力，即不同工作资源缓解压力的机理是不同的。例如，工作自主权允许员工自由决定应对工作要求的时间安排和方式方法，社会支

持、与上级的良好关系可以提供工具性帮助和情感支持，反馈可以给员工提供其所需的、用以维持绩效和健康的必要信息。

### 2.1.3 工作设计流派模型的比较与待研究问题

本书从模型的理论基础、压力源、缓压因素、模型假设、实证检验、实践应用六个方面对 Karasek 系模型与 Demerouti 系模型进行比较，如表 2-4 所示。

**表 2-4 Karasek 系模型与 Demerouti 系模型比较**

| 类别 | JDC 模型、JDCS 模型 | JDR 模型、JDR 改进模型 |
|---|---|---|
| 理论基础 | 基于管理学的“权责匹配”原则，提出工作控制，通过工作设计提升员工工作控制来缓解压力 | 总结实证结果，提出生理心理成本、员工激励等，通过向员工提供外部工作资源减少员工成本、提升员工激励来缓解压力 |
| 压力源 | 工作要求，从测量看主要涉及工作量要求与时间要求 | 造成员工生理、心理成本的要求，包括体力负荷、时间压力、倒班、任务变化、工作变化、客户接触、物理环境等 |
| 缓压因素 | 工作控制，主要涉及工作决策自由度；社会支持，涉及上级、同事支持的口头和行动支持 | 工作资源，能促成工作目标、降低成本、利于员工激励，含奖励、报酬、工作控制、决策参与、反馈、技能多样性、上级支持、工作安全等 |
| 模型假设 | 强调工作要求与工作控制的交互效应，提出高压力与积极工作假设；强调工作要求、工作控制、工作社会支持的交互效应 | 强调单一效应，提出健康伤害假设与工作动机假设；后续改进中，认可工作要求与工作资源的交互效应 |
| 实证检验 | 国家级层面的大样本研究，采用医学、经济指标测量研究支持 | 在多个职业领域获得实证支持 |
| 实践应用 | 更适合技能操作类工作 | 更适合与人打交道的工作，可用于不同的职业 |

比较可知，Karasek 系的 JDC 模型以及 JDCS 模型，有较强的理论基础，围绕着提升员工控制来选择缓压变量，如工作决策自由度、工作社会支持，在大样本研究中，以及采用客观医学指标测量的研究中得到有力支持，但模型的缓压因素较少，模型更多地针对工作量要求，因此其使用范围较窄，更适合于技能操作类工作，例如护士的缓压管理；Demerouti 系的 JDR 模型及改进模型，理论基础多而薄弱，模型的构建多依赖于以往实证结果，模型所包含的缓压因素即工作资源较多，在多个职业领域获得实证支持，模型可用范围相对较广，但由于其理论构建部分偏弱，导致相关实证研究出现了概念混淆、结果冲突等问题。例如，Bakker（2003）将任务变化作为工作要求的指标之一，而 Hakanen（2005）又将所需专业技能的多样性作为工作资源的指标之一。

基于以上研究综述，本书认为工作设计流派的研究存在以下不足，有待进一步完善。

第一，工作设计流派主张通过工作设计缓解工作压力的机理解释仍存争议，Karasek 系模型主张提升工作控制缓压，而 JDR 模型则倾向于增强员工激励缓压。是通过提升员工控制来缓压，还是通过增进员工激励来缓压？与此相关的，技能多样性是压力源还是缓压因素？有待进一步的阐释和验证。

第二，工作设计流派已有模型的缓压策略适用面较窄，如何从实际的工作差异出发，有针对性地提炼工作压力源？技能操作类工作、与人打交道工作之外，其他更为复杂的工作如研发、技术、管理工作情境中如何有效缓解员工压力？现有的缓压策略是否适用于上述更复杂的工作？有待进一步的检验与实践。

## 2.2 个体差异流派的研究综述

个体差异流派认为工作压力是由于个体的不同“反应”所导致的，其缓压模型构建包含了人格心理变量作为前因，其结论的实践意义是基于人格心理指标进行招聘，通过心理咨询培训提升员工心理素质，以缓解员工压力。

### 2.2.1 压力的认知评价理论

Lazarus（1993）的《心理学年度评论》（*Annual Review of Psychology*）中系统总结了心理学对压力的研究，提出了认知评价理论：个体的认知评价在压力形成过程中有核心作用，这涉及个体对环境的价值评价和个体对自身应对能力、资源的认知评价两个过程。当环境要求与个体价值目标不符时，或当个体认为无能力、无资源应对要求时，压力就会产生。

进一步地，Lazarus 还提出不同的认知评价过程将导致个体采用不同的压力应对模式，具有不同的缓压效应。当个体评价认为可控时，会采取问题为中心的、相对积极的应对策略，当个体评价认为无能为力时，会采取情绪为中心的、相对消极的应对策略。经相关学者不断发展，员工的压力反应也成为一个重要的研究方向，提出了直接应对与间接应对、控制应对与逃避应对、问题导向应对与情感导向应对等看法。

后续发展中，Beehr 与 Schuler 的交互过程整合模型是在若干实证研究基础上对 Lazarus 理论模型的细化；Edwards 的压力控制理论借用控制论相关概念，认为期望与现状的差距将导致压力以及个体的修正措施，其核心仍然是个体的期望认知以及对现状的认知评价；Hobfoll 的资源保护理论认为，当个体发现其资源正在失去，或有失去的危险，或不能获得所期望的资源，压力就会产生，其中个体认知与评价仍然是关键。

个体认知评价视角的理论模型，特别是 Lazarus 的若干论断，具有很强的解释力，且得到众多实证研究的支持。实践层面，心理学有关工作压力的研究结论，既有助于企业选聘抗压能力较强的员工、开发员工心理素质、培训员工的缓压技能等，也有助于员工面对压力时选择有效的应对策略、进行自我调节。

### 2.2.2 缓压研究中的人格心理变量

本书对以往缓压实证研究中的人格心理变量进行综述，对情感类、性格类、归因类、价值目标类、能力信念类变量的缓压效应进行分析，如表 2–5 所示。

表 2–5 情感类缓压变量

| 分类 | 变量名称 | 因变量 | 研究结果 | 作者及年份 |
|---|---|---|---|---|
| 情感类 | 情绪经历（Affective Experience） | 积极行为（Positive Behavior） | 积极情绪与积极行为正相关，并强于压力源的影响；积极情绪与后续工作日的积极行为正相关 | Fritz，2009 |
| | 负面情感（Negative Affectivity） | 反生产工作行为（Counterproductive Work Behavior） | 负面情感作为调节变量增强压力源与同事报告的反生产工作行为间的正向关系 | Penney，2005 |
| | | 离职倾向 | 负面情感能中介感知压力源与离职倾向的正向关系 | Barsky，2004 |
| | | 工作态度 | 负面情感与全职员工工作满意度的负向关系强于与兼职员工工作满意度的负向关系 | Schaubroeck，1998 |
| | | 工作压力、工作满意度 | 负面情感与工作压力正相关；负面情感作为调节变量增强压力源和工作压力间的正向关系；负面情感能中介压力源与工作满意度间的负向关系 | Moyle，1995 |

续表

| 分类 | 变量名称 | 因变量 | 研究结果 | 作者及年份 |
|---|---|---|---|---|
| 情感类 | 负面情感（Negative Affectivity） | 沮丧、生理症状、工作不满意 | 负面情感对沮丧、生理症状、工作不满意的正向影响会显著削弱压力源对沮丧、生理症状、工作不满意的正向关系 | Schaubroeck，1992 |
| | | 健康抱怨（Health Complaint）、健康状态（Health Status） | 自我报告的健康、压力与负面情感高度相关，健康和压力之间的关系常常被高估；负面情感与健康抱怨正相关 | Watson，1989 |
| | 正面情感（Positive Affectivity） | 沮丧、生理症状、工作不满意 | 正面情感与沮丧、生理症状、工作不满意的正向关系部显著；正面情感作为调节变量削弱压力源与沮丧、生理症状、工作不满意间的正向关系的假设不显著 | Schaubroeck，1992 |

个体的情感差异含情绪经历、正面情感、负面情感等，与通过心理指标如工作态度、行为指标如离职倾向和反生产行为、生理指标如健康状态等测量的工作压力有着稳定的关系。其中，研究较多同时争议也较多的是负面情感与工作压力的关系。负面情感指一系列令人厌恶的情感状态，包括愤怒、厌恶、轻蔑、内疚、害怕、沮丧等。实证研究结果有三：①负面情感与工作压力正相关；②负面情感作为调节变量增强某压力源与工作压力间的正向关系；③负面情感与工作压力高度相关。

负面情感的测量指标与工作压力的心理测量指标是相似的；同时负面情感是人们生活中因其他种种原因而普遍体验过的。因此本书认为，在工作压力研究中更倾向于以其作为控制变量，来解释和控制由非工作原因导致的负面情感反应。如表 2-6 所示。

**表 2-6　性格类缓压变量**

| 分类 | 变量名称 | 因变量 | 研究结果 | 作者及年份 |
|---|---|---|---|---|
| 性格类 | 大五人格（“Big Five” Personality Factors） | 情感耗竭、人格解体（Depersonalization）、个人成就感降低（Diminished Personal Accomplishment） | 神经质与情感耗竭强正相关；外倾性、开放性和随和性与人格解体负相关；外倾性和开放性与个人成就感降低负相关 | Halbesleben，2004 |
| | | 感知生活质量（Perceived Quality of Life） | 神经质和外倾性对感知生活质量有显著预测效力 | Hart，1995 |

续表

| 分类 | 变量名称 | 因变量 | 研究结果 | 作者及年份 |
|---|---|---|---|---|
| 性格类 | A 型性格(Type A) | 生理健康（Physioiogical Health） | A 型性格与生理健康负相关 | Danna，1999 |
| | | 心血管障碍（Cardiovascular Disorder） | （相对其他非 A 型性格者）A 型性格人中，工作复杂性与心血管障碍正相关 | Schaubroeck，1994 |
| | | 过敏性/易怒（Irritabiliy）、身体抱恙（Somatic Complaints）、焦虑（Anxiety） | （相对其他非 A 型性格者）A 型性格人在低工作负担和低工作控制条件下不会有更大的工作压力反应（过敏性/易怒、身体抱恙、焦虑） | Kushnir，1991 |
| | | 冠心病危险（Coronary Risk） | 对于 A 型行为模式的人，工作满意度作为调节变量削弱角色模糊性与冠心病危险指标间的正向关系 | Howard，1986（1） |
| | | 心理压力（Psychological Strain） | A 型行为模式作为调节变量增强角色模糊性与心理压力之间的正向关系 | Keenan，1979 |
| | | 焦虑（Anxiety）、心率（Heart Rate） | A 型行为模式可以增强工作负担与焦虑之间的正相关关系；A 型行为模式可以增强焦虑与心率之间的正相关关系 | Caplan，1975 |
| | 人格坚韧性(hardiness) | 冠心病危险（Coronary Risk） | 对 A 型性格个体，人格坚韧性作为调节变量增强角色模糊性与冠心病危险指标间的正向关系 | Howard，1986 |
| | | 疾病（Illnesses） | 高压力生活状态下，人格坚韧性与疾病正相关 | Kobasa，1983 |

个体的性格差异含 A 型性格、人格坚韧性、大五人格等，与焦虑、易怒、心理压力、生活质量等心理压力，以及心率、冠心病、心血管病等生理健康问题有着稳定的关系。其中 A 型性格的研究较早、也较多，获得了医学、心理学、管理学的共同关注。A 型性格，又称 A 型行为模式，此性格人的行为特点是雄心勃勃，忙忙碌碌，争强好胜，苛求自己，以事业上的成功与否作为评价人生价值的标准。实证结果表明：①A 型性格与工作压力正相关；②A 型性格作为调节变量增强某压力源与工作压力间的正向关系。

性格表现为个体对自己、其他人和事物稳定的态度及行为方式，性格的形成和改变都是渐进的、缓慢的。换句话说，性格难以在短期内通过管理培训、教育等方式进行改变，是难以短期开发的。因此，将性格因素引入研究，可以得到较为稳健的结论，但实践意义不大。这与工作压力模型构建研究所要求的实用性相背离，不宜选入新模型。如表 2–7 所示。

**表 2–7　归因类缓压变量**

| 分类 | 变量名称 | 因变量 | 研究结果 | 作者及年份 |
|---|---|---|---|---|
| 归因类 | 解释风格（Search for the Causes of Felt Stress）或归因类型（Attribution Style） | 倦怠（Burnout）主观测量 | 归因类型作为调节变量影响组织压力源与倦怠之间的关系 | Halbesleben，2004 |
| | | 应对方式（Coping Mechanisms）无测量 | 内部可控导致内疚感、内部不可控导致羞愧感、组织可控导致愤怒感、组织不可控导致挫败感；内疚将引起问题导向的应对、而羞愧、愤怒、挫败将引发情感导向的应对 | Perrewe，1999 |
| | 控制点（Locus of Control） | 反生产工作行为（Counterproductive Behaviour） | 外部控制点个体比内部控制点个体更容易产生组织挫折对反生产工作行为的影响 | Storms，1987 |
| | | 工作压力（Job Stress） | 控制点调节形式化（Formalization）与工作压力间的关系，对外部控制点个体，形式化与工作压力正相关；对内部控制点个体，形式化与工作压力负相关 | Marino，1985 |

归因类型、解释风格、控制点是基于归因理论而提出的，归因类型或解释风格，指个体对其生活中出现的种种事件的原因的解释和推论，包括内因—外因、暂时—稳定、一般—特殊、可控—不可控四个维度；控制点，指人们日常生活中对行为或事件结果的一般性看法，即谁或什么事对生活中行为或事件的结果是有责任的，分为内部控制点和外部控制点。已有实证研究倾向认为，将压力归因于内部和可控因素，将引发积极应对。由于归因理论自身不断发展以追求逻辑严密性，其理论维度较多，因此，应用归因理论来阐释工作压力的产生原因和应对机理是严密而繁杂的。

代表性研究是 Perrewe 与 Zellars（1998）构建的一个涉及 5 个步骤、14 个主要概念的模型：第一步，个体认知评价导致压力感，当环境要求超过感知的能力、个体权益得不到满足就会导致压力感；第二步，压力感即紧张导致个体归因，原因分为内部可控、内部不可控、组织可控、组织不可控四类；第三步，内部可控导致内疚感、内部不可控导致羞愧感、组织可控导致愤怒感、组织不可控导致挫败感；第四步，内疚将引起问题导向的应对，而羞愧、愤怒、挫败将引发情感导向的应对；第五步，应对又将导致新一轮的认知评价。本书综合考虑认为，一方面，从归因模式到压力应对行为、再到压力反应的路径较长，影响模型的解释力；另一方面，如此复杂的概念模型难以实证检验。如 Schaubroeck（1999）在争鸣性文章中所言，过分关注压力作用过程的精神方面的研究对增加管理知识以指导组织管理实践裨益不大。如表 2-8 所示。

**表 2-8 价值目标类缓压变量**

| 分类 | 变量名称 | 因变量（含测量） | 研究结果 | 作者及年份 |
|---|---|---|---|---|
| 价值目标类 | 绩效目标导向（Performance Orientation）<br>成长目标导向（Mastery Orientation） | 疲劳感（Fatigue）<br>工作满意度（Job Satisfaction） | 学习目标导向与工作满意度正相关；绩效目标导向与学习目标导向对工作要求与疲劳感之间的正向关系有联合调节作用，高学习目标导向与高绩效目标导向并存，减弱工作要求与疲劳感的正向关系 | Van Yperen，2002 |
| | 自尊（Self-esteem） | 挫折（Frustration）<br>沮丧（Depression）<br>生理症状（Physical Smptoms） | 自尊作为调节变量削弱角色压力源与挫折、沮丧、生理症状间的正向关系 | Jex，1999 |
| | | 身体健康问题（Somatic Health Problems） | 低自尊个体，角色冲突与身体健康问题正相关 | Ganster，1991 |
| | 基于组织的自尊（Organization -based Self-esteem） | 挫折（Frustration）<br>沮丧（Depression）<br>生理症状（Physical Smptoms） | 以组织为基础的自尊作为调节变量削弱角色压力源与沮丧、生理症状间的正向关系 | Jex，1999 |
| | 宗教信仰（Religiosity） | 酗酒行为（Drinking Behavior）<br>压力体验（Experienced Stress）<br>情感耗竭（Emotional Exhaustion） | 配偶的宗教信仰与员工酗酒行为、压力体验、情感耗竭负相关 | Beehr，1995 |
| | 个体主义（Rugged Individualism） | 酗酒行为（Drinking Behavior）<br>情感耗竭（Emotional Exhaustion）<br>人格解体（Depersonalizatio） | 崇尚个体主义的警察与酗酒行为、情感耗竭、人格解体正相关 | Beehr，1995 |

价值是客观事物对人自身的有用性，目标是主体所期望的结果，个体的价值判断和目标导向都能够影响人的行为，产生不同的压力过程和结果。Ganster 与 Schaubroeck（1964）基于“可塑性假说”来解释自尊在工作压力过程中的影响效

应：低自尊倾向于屈从，有更高的行为可塑性，易受压力源影响，压力感受较强；而高自尊个体更倾向于接受自我价值的引导，面对同样的工作要求则能有效应对，压力感受较弱。Van Yperen 与 Janssen（1964）、赵欣等（2011）援引“认知评价理论”来分析绩效目标导向、学习目标导向在工作压力过程中的调节作用：高绩效导向个体重视外在评价，将工作要求视为绩效阻碍，易焦虑；而高学习导向个体重视内在价值，将工作要求视为学习机会，不易焦虑。

实证研究发现，自尊以及以组织为基础的自尊能够缓解心理与生理方面的压力，凸显了价值、目标在压力机制中的重要作用；而绩效目标导向与学习目标导向的联合调节效应显著，又将研究引向多目标领域。另外，个体主义者从事警察职业更易表现出负面的心理与行为，强调了职业要求与个人价值的匹配。个体目标的多样性以及不同职业的特点使实证研究呈现了丰富而有趣的结果，成为未来工作压力研究的重要方向之一。如表 2-9 所示。

**表 2-9 能力信念类缓压变量**

| 分类 | 变量名称 | 因变量（含测量） | 研究结果 | 作者及年份 |
|---|---|---|---|---|
| 能力类 | 自我效能 (Self-efficacy) | 健康（Health） | 低自我效能个体感知到低工作控制，高工作要求与差健康状态间的关系更强；高自我效能个体感知到低工作控制，高工作要求与差健康状态间关系更强 | Schaubroeck，2001 |
| | | 心理健康症状（Psychological Health Symptoms）<br>离职（Turnover） | 高自我效能个体，高工作控制作为调节变量削弱工作要求和心理健康症状间的负向关系；高自我效能个体，高工作控制作为调节变量削弱工作要求和离职间的正向关系 | Schaubroeck，2000 |
| | | 工作满意度（Job Satisfaction）<br>组织承诺（Organizational Commitment）<br>心理压力（Psychological Strain）<br>生理症状（Physical Symptoms） | 自我效能与工作满意度、组织承诺正相关，与心理压力和生理症状负相关；对低自我效能个体，工作负荷、工作时间与工作满意度负向关系更强；对高自我效能个体，任务的显著性与工作满意度、组织承诺正相关关系更强；对低自我效能给提，任务的显著性与心理压力、生理症状正相关关系更强 | Jex，1999 |

续表

| 分类 | 变量名称 | 因变量（含测量） | 研究结果 | 作者及年份 |
| --- | --- | --- | --- | --- |
| 能力类 | 自我效能（Self-efficacy） | 心脏扩张收缩血压（Systolic and Diastolic Blood Pressure） | 自我效能与心脏阔张收缩血压正相关；高自我效能个体感知到低工作控制，工作要求与心脏阔张收缩血压间具有更强的正相关关系；低自我效能个体感知到高工作控制，工作要求与心脏阔张首夺血压间具有更强的正相关关系 | Schaubroeck，1997 |
| | | 焦虑、挫折 | 自我效能与焦虑、挫折正向相关；自我效能作为中介变量影响压力源与焦虑间的关系 | Jex，1992 |
| | 集体自我效能（Collective Efficacy） | 心理健康特征（Psychological Health Symptoms）<br>离职（Turnover） | 高集体自我效能个体，高工作控制作为调节变量削弱工作要求和心理健康特征间的关系；高集体自我效能个体，高工作控制作为调节变量削弱工作要求和离职间的关系 | Schaubroeck，2000 |
| | | 工作满意度（Job Satisfaction）<br>组织承诺（Organizational Commitment）<br>心理压力（Psychological Strain）<br>生理症状（Physical Symptoms） | 集体自我效能与工作满意度、组织承诺正相关、与心理压力和生理症状负相关；对低集体自我效能个体，工作负荷、工作时间与心理压力的负相关关系更强；对高集体自我效能个体，任务显著性与工作满意度、组织承诺正相关；对低集体自我效能个体，任务的显著性与心理压力、生理症状正相关关系更强 | Jex，1999 |
| | | 工作满意度、焦虑、倦怠、挫折、离职倾向 | 集体自我效能与满意度负相关，与挫折、焦虑、离职倾向正相关；集体自我效能作为调节变量增强情景约束和挫折间的正向关系；集体自我效能作为调节变量增强工作时间与工作满意度间的负相关关系；集体自我表能作为调节变量增强工作时间与焦虑、离职倾向间的正向关系；集体自我效能作为中介变量影响环境约束和工作满意度和离职倾向间的关系 | Jex，1992 |
| | 能力工作匹配（Ability-job fit） | 工作压力（Job Stress）<br>工作满意（Job Satisfaction）<br>生活满意（Life Satisfaction） | 个体感知到能力与工作相匹配，高工作要求与低工作控制导致高工作压力；个体感知到能力与工作相匹配，高工作要求与高工作控制导致高满意度 | Xie，1996 |
| | | 工作压力（Job Stress） | 能力工作匹配作为调节变量影响高工作范围与高工作压力间的正向关系 | Xie，1995 |

一般认为，能力是完成某一活动所需的主观条件，能力影响着活动结果；而社会认知理论研究发现，影响个体行为的、更为根本的是能力信念，即个体对自身能力的认知判断。能力工作匹配指个体（感知到的）在完成当前工作方面的能力的程度；自我效能即是关于个人能力的一种信念，相信自己具有综合运用动机、认知、行动以完成特定情景要求的能力的信念，均属于能力信念。面对高工作要求，如果个体认为自己有能力应付，则会采取更为积极的策略，完成任务、缓解压力；如果个体认为自己无能力应对，则更加抑郁、增大压力。

Xie 等（1995，1996）研究发现，能力工作匹配能调节工作要求与工作压力的关系，缓解压力；Schaubroeck 等（1997，2000，2001）、赵欣等（2008）研究发现，自我效能感在一定程度上决定着工作控制对工作压力的缓解效应。能力信念决定着组织压力管理策略的实施和个体压力缓解手段的应用，是未来工作压力研究的重要方向之一。

基于人格心理变量的缓压研究非常丰富，通过文献综述，本书认为以往研究中存在两项不足，有待改进：

第一，基于人格心理变量的缓压研究植根于心理学理论，在模型构建中往往忽视了工作环境因素。后续研究中应如何对待工作情景？能否抛开工作情景，去寻找一种具有广谱抗压作用的人格特质？或者在不同环境中，进一步检验各人格心理因素的缓压效果，寻求最佳匹配？

第二，基于人格心理变量的缓压研究在变量的可测性和可塑性方面受到质疑。个体情绪（即状态类的情感）是易变的，被认为是难以测量的；而个体心境（特质类的情感）则难以改变，在管理实践方面的意义不大。性格特质被定义为一种稳定的行为倾向，稳定意味着不可塑、不易改变，这方面的研究结论难以应用于人员甄选或培训，即难以付诸企业缓压管理实践。因此，本书认为后续研究应以可测和可塑为标准而选择人格心理变量展开实证研究。

### 2.2.3 个体压力应对策略与员工的情绪宣泄

基于压力认知评价理论，Lazarus（1993）与 Folkman（1986）进一步丰富和完善了个体的压力应对策略。相对积极者，在压力情景中会尽可能多、尽可能快地寻找解决办法，以便采取最有效的行动；相对消极者，在面对压力时会尽可能多、尽可能长时间地回避问题，主观上不去想这个情景。问题导向的人，会通过应对行为改变个体与环境的实际关系，进而使压力得到缓解；情感导向的人，会改变自己对正在发生事情的关注或解释，进而使压力得到缓解。将上述积极与回避应对策略以及问题导向与情感导向应对策略两两结合，可以得到四种具体应对策略。

相对于传统的人格心理研究只关注稳定的个性特征，压力应对策略研究则将压力应对作为一个过程，认为个体需要持续的思维和行动努力来应对具体要求，并战胜它们，在理论方面向前推进了一步。

早期研究普遍认为，积极应对策略、问题导向应对策略更为有效，有助于缓解压力（见表 2-10）。随着研究深入，学者们得出了不尽一致的结论。究其原因，是因为没有对应对行为做出详细研究和细致分类、没有考虑应对过程中的行为变化，归根结底是“行为的情景化”出了问题，即判断应对行为是否积极有效，要结合个体动机与压力环境，离开员工心理和组织环境而抽象讨论某一具体行为是不合适的。有些研究者发现回避策略在短期内是有作用的。例如，人们都有类似的决策经历，即在短时间内忽略某些不重要的事务（如朋友聚会）以专注于重要工作（如会议、攻关）。还有的研究者发现，在无能为力的情境下，情绪策略才是最为有效的。当压力情景无法改变时，关注个体的情绪才是最有效的方法。最典型的例子是，在人质劫持事件中，人质发现自己根本无法采取任何有效行动，这时采用问题导向应对策略的人质要比那些调整自己情感的人质体验更高的压力。简单总结，不同类型的应对策略会在不同压力情境中起效，有效的压力应对就是要在具体情境中选择合适的应对策略，即应对的灵活性。

**表 2-10　个体应对策略**

| 分类 | 变量名称 | 因变量 | 研究结果 | 作者及年份 |
|---|---|---|---|---|
| 应对策略 | 直接应对（Direct Coping）<br>间接应对（Palliative Coping） | 倦怠（Burnout） | 采取直接应对行为的员工易产生倦怠；采取间接应对行为的员工不易产生倦怠 | Carmona，2006 |
| | 积极应对（Active Coping）<br>消极应对（Avoidance Coping） | 压力（Strain） | 采取积极应对方式的员工，高自我效能作为调节变量削弱角色清晰性与压力间的正向关系；采取消极应对方式的员工，低工作负荷条件下，自我效能感与压力负相关 | Jex，2001 |

续表

| 分类 | 变量名称 | 因变量 | 研究结果 | 作者及年份 |
|---|---|---|---|---|
| 应对策略 | 控制应对（Control Coping）<br>逃避应对（Escapist Coping） | 倦怠（burnout） | 控制应对与倦怠负相关；逃避应对与倦怠正相关 | Leiter，1991 |
| | 问题导向应对（Problem-Focused Coping）<br>情感导向应对（Emotion-Focused Coping） | 积极工作体验（Positive Work Experiences）<br>消极工作体验（Negative Work Experiences） | 问题导向应对导致积极工作经历；情感导向应对导致消极工作经历 | Hart，1995 |

现实生活中，员工经常会采用情绪导向的压力应对策略。Daniels（1999）实证研究中曾报告，工作要求与员工的情感调节机制之间存在正相关关系。Daniels及其同事（2009）将情感宣泄细分为“改变工作活动以宣泄情绪”（Changing Aspects of Work Activities to Express Affect）和“与他人交谈以宣泄情绪”（Talking to Others to Express Affect）两个方面，采用3个大型组织、15个中小型企业的员工样本，发现“改变工作活动以宣泄情绪”和“与他人交谈以宣泄情绪”与工作要求的相关性高达0.52和0.49。这表明，在面对压力时，员工的情绪宣泄是其自觉或不自觉采取的重要应对策略。

进一步地，Daniels及其同事（2009）运用体验抽样法（Experience Sampling Method）每天4次、共采集5个工作日的数据，检验员工情绪宣泄的缓压效果，发现“改变工作活动以宣泄情绪”和“与他人交谈以宣泄情绪”与当期的焦虑情感呈显著正相关关系，即增加压力体验；而与滞后期的焦虑情感既有正相关也有负相关，即缓压效应不确定。Daniels及其同事（2013）以石油天然气行业的工程师为样本，发现员工情绪宣泄与当期的疲劳感、认知失败等压力指标无关，与滞后期的疲劳感呈显著负相关，即具有一定的缓压效应。

压力应对策略的研究方兴未艾，基于文献综述，本书认为未来研究的重点主要集中于以下两方面：

第一，压力应对策略的情景适用性研究。在具体的工作压力情境中考察积极的问题导向应对、消极的问题导向应对、积极的情绪导向应对、消极的情绪导向应对四种策略的缓压效果，指导企业情景中压力应对策略的开发。

第二，员工“自发”使用的情绪应对策略研究。日常观察发现，情绪宣泄是员工在面对高工作要求时所经常采用的、直接应对压力源的策略。不涉他人的情绪宣泄（如改变工作活动）、人际间的情绪宣泄（如向他人谈话倾诉）能否真正地缓解压力?“自发”的情绪宣泄策略有无理论支撑？这有待进一步研究。

# 3 工作设计的缓压作用研究

企业组织和管理者通过工作（再）设计能够缓解员工的工作压力。本章内容如下：首先，提出工作要求与工作压力关系的基本假设；其次，阐述学界有关提升员工控制缓压与增进员工激励缓压的争议，遵从控制缓压观点，论述工作自主权、工作反馈、工作社会支持的缓压效应假设，基于激励缓压观点，论述技能多样性等因素的缓压假设；最后，采用 18 家单位的 441 份有效数据进行回归分析检验假设。研究支持了工作（再）设计通过提升员工控制感来缓解工作压力的论断，有机整合了 Karasek 系模型与 Demerouti 系模型。基于上述研究，本章向企业管理者提出了普遍适用于操作型和知识型员工的缓压建议。

## 3.1 模型与研究假设提出

### 3.1.1 基本假设：工作要求与工作压力

一般认为，高工作要求是导致高工作压力的主要原因。例如，高科技企业的研发工作，其工作的创新性、复杂性与目前的科技水平（理论基础、试制设备、试验材料等）相关，不能由管理人员进行轻易改变。再如，医院的护理工作，其工作量、时间要求等由医护设备的自动化程度决定，同时与医院成本绩效相关，在科技水平一定的前提下，只有耗费大量成本，增加设备或增加护理人员才能降低工作量，因此不宜从管理角度改变。工作要求是组织和管理者为确保组织目标或绩效的实现而强加给员工，或者说要求员工必须承担和完成的。回顾工作压力相关的实证研究可知，工作要求与工作压力有着稳定的、直接的、正向关系。如表 3-1 所示。

**表 3-1 工作要求与工作压力**

| 作者及年份 | 工作要求 | 因变量 | 研究结果 |
|---|---|---|---|
| Van Yperen 和 Janssen，2002 | 工作要求 | 疲劳感、工作满意度 | 工作要求与疲劳感正相关，与工作满意度负相关 |
| Ganster 和 Fox，2001 | 工作负荷 | 健康医疗成本（Health Care Cost） | 工作负荷与健康医疗成本正相关 |
| Xie，1996 | 工作要求 | 焦虑、沮丧/压抑、工作满意、身心健康（Psychosomatic Health） | 工作要求与焦虑、沮丧/压抑、身心健康正相关；与工作满意负相关 |
| Schaubroeck 和 Ganster，1994 | 工作复杂性 | 心血管障碍（Cardiovascular Disorder） | 工作复杂性与心血管障碍正相关 |
| Fox 和 Dywer，1993 | 工作要求 | 血压（Blood Pressure）、皮质醇水平（Cortisol Levels） | 客观测量的工作要求与血压、皮质醇水平显著相关 |
| Jex 和 Gudanowski，1992 | 环境约束（Situational Constraints） | 工作满意度、焦虑、挫折、离职倾向 | 环境约束与工作满意度负相关，与焦虑、挫折、离职倾向正相关 |
| 张韫黎、陆昌勤，2009 | 工作超负荷、时间压力、工作职责和责任 | 身心紧张 | 工作超负荷、时间压力、工作职责和责任与身心紧张正相关 |
| 赵西萍、赵欣，2008 | 工作要求 | 工作压力 | 工作要求与工作压力正相关 |
| 许小东，2007 | 工作负荷、难度 | 身心紧张反应 | 工作负荷、难度与身心紧张反应正相关 |
| 舒晓兵，2005 | 组织中的角色、工作条件和要求 | 工作满意度 | 国有与私营企业中，组织中的角色、工作条件和要求均显著影响工作满意度 |

综合表 3-1 可知，工作要求含工作量要求、时间要求、工作负荷、复杂性、难度等，与各种形式的工作压力含心理反应（焦虑、沮丧、挫折）、行为反应（离职意向）、生理反应（疲劳感、血压、心血管障碍、皮质醇水平）均具有稳定的、直接的、正向关系，是导致工作压力的主要原因。

为得出具有普适性的研究结论，本书按照能否程序化将工作要求分为工作量要求与工作复杂性要求。泰勒（Taylor）开创的科学管理学派试图通过标准化和程序化来提升工作效率。工作程序是为进行某项工作活动、完成工作任务所规定的途径；程序化是将抽象的工作目标转化为具体的工作程序。现实中的工作要求千差万别，有些可以程序化，有些则不易于程序化。以医院的医生和护上工作为例，护士的工作是高度程序化的，例如如何取药、配药、扎针，何时以及按何种规范测量血压等，统归为工作量要求；而医生的工作是难以程序化的，原因是病人有差别，需具体问题具体分析，统归为工作复杂性要求。

工作量要求是在已程序化的工作中，组织对员工提出的数量要求。固定时间内，任务数量越多则工作量要求越高；或者一定数量的任务要求在越短时间内完成则工作量要求越高。大量的、紧迫的、快节奏的、突发性的工作任务，使员工产生巨大的压力感。人体一定的承受能力和一个自然的生理节奏，如果外界要求即刺激超过这种承受能力范围或者过分改变这种内在生理节奏，就会引起心理和生理的负面反应。

工作复杂性，指尚未程序化的工作任务要求，其所涉及的专业知识技能较多，或工作的不确定性高，或任务各方面相互联系、甚至矛盾。类似的概念有工作不确定性、角色模糊、角色冲突等，是重要的工作压力源。一般而言，人们普遍期望一种有秩序的、可预期的工作；而不确定的工作使员工难以提前做出计划；模糊的职责界定使员工易于受到责难；相互矛盾的命令使员工无所适从。这些都会导致员工产生焦虑、沮丧、矛盾等负面情绪，并间接危害身体健康。

总的来看，高工作量要求、高工作复杂性超越了员工本身的承受能力，扰乱了员工正常的生理节奏，使员工陷入疲劳、焦虑、沮丧等压力情绪中。据此，本章提出基本假设：

基本假设 a：工作要求与工作压力正相关；

基本假设 b：工作量要求与工作压力正相关；

基本假设 c：工作复杂性与工作压力正相关。

### 3.1.2 理论之争：员工控制 vs.员工激励

遵从科学管理的传统，学者们主张通过工作（再）设计来缓解员工工作压力。工作（再）设计的研究历史悠久、成果丰富，既涉及组织的正式制度，又涉及工作群体的交互，主要研究文献如表 3-2 所示。

表 3-2　工作（再）设计的研究文献

| 研究者 | 工作特征维度 |
|---|---|
| Turner 和 Lawrence | 多样性、自主性、必要的互动、随意的互动、知识与技能和责任 |
| Perrow | 工作的可分析性和工作的变化性 |
| Hackman 和 Lawler | 技能多样性、任务完整性、自主性、反馈，以及合作性和友谊机会 |
| Hackman 和 Oldham | 技能多样性、任务完整性、任务重要性、自主性、反馈，以及合作性 |
| Seashore 和 Taber | 与工作相关的所有因素 |
| Karasek | 工作控制 |
| Beach 和 Mitchell | 决策问题和决策环境 |
| Jackson | 工作控制（时间控制和方法控制）；认知需求（监督需求和问题解决需求）；生产责任 |
| Irma 和 Rajiv | 广泛—程序导向；广泛—内容导向；集中—程序导向；集中—内容导向 |

在工作（再）设计缓压研究中，存在控制观与激励观之争。

部分学者认为提升员工控制可缓解压力。如 Karasek 首倡“工作控制”概念。Karasek 所定义的工作控制原意为工作决策自由度，与工作自主权意义相同，强调员工的工作行为由自己来决定，而不是依照组织的规定。工作自主权的缓压机理是，大量工作超过了员工体力和脑力，员工感到任务无法完成，从而产生焦虑情绪；此情景中，有高度工作自主权的员工可以自主计划和安排时间、尝试选择不同方法、参与工作相关决策，这些能增强员工对工作结果的把控，使员工对任务完成有积极预期，因而缓解焦虑。

Karasek 提出的工作控制概念包含了员工控制的两个基本要素：其一，控制即“自我决定”，提升员工工作决策自由度或工作自主权的工作设计，主张减少组织、管理者对员工工作的具体管理，扩大员工对其所负责任务的决定权，让员工体验到自己的工作行为是由自己决定而非企业组织、管理者等外部因素强加给自己的。其二，控制即“影响结果”，允许员工自由安排工作时间和节奏，可以相对地提升员工的能力和资源，允许员工探索、尝试、选择新的方法，有利于促进员工提升能力和获取资源，这些都能增强员工对工作结果的影响和把控。

与上述理论不同，有的学者认为增进员工激励可以缓解压力。激励，可以理解为刺激和激发员工的工作动机。霍桑试验之后，学者们认识到增加工作的意义和挑战会增加员工满意度及工作激励。

代表性的理论模型是 Hackman 与 Oldman（1975）提出的工作特征模型，该模型包括五个核心维度：技能多样性、任务完整性、任务重要性、工作自主权及工作反馈。技能多样性是指完成某项工作所需技能和才能的多样化程度。任务完整性是指一项工作中要求完成一件完整的和可辨识的作业的程度。任务重要性是指一项工作对他人的生活或工作的实际影响程度。工作自主权（与工作决策自由度同义）指一项工作中任职者在安排工作内容、确定工作程序方面拥有的自由度、独立性及自主权。工作反馈指员工在完成任务的过程中，在多大程度上可以直接而且明确地获得有关自己工作绩效的信息。

根据 Hackman 和 Oldham 的解释，五个核心工作特征即技能多样性、任务完整性、任务重要性、工作自主权、工作反馈能够导致三种关键心理状态：其一，使员工体验到工作的意义；其二，使员工体验到对工作的责任感；其三，使员工对工作活动的结果了解，包括对完成工作质量和数量的一种判断。这三种关键的心理状态作为中介，将进一步导致积极个人和工作成果产出，包括高度内在工作激励、高度工作满意度、高质量的工作绩效和低缺勤率、低离职率等。

知名华人学者谢家琳等（1995）提出工作范围即 Hackman 与 Oldman 五维度工作特征能够增强员工激励因而具有缓压作用。模型方面，JDR 模型认为工作要求造成了员工的生理心理成本进而导致压力，工作资源能够提供若干激励，如减少心理生理成本、促进员工成长发展等，因而能缓解员工压力。Siegrist 关注付出与回报不对等，特别是高付出与低回报同时并存的现象，提出了付出—回馈失衡模型，该模型的核心假设是“工作压力=努力/回馈”。本书认为，缓压最直接、最本质的手段就是消除或降低导致压力的原因。从定义看，工作压力是因工作环境刺激或各种任务要求超过员工自身应对能力或资源（员工对工作失控）而导致的个体心理、生理、行为等的负面反应。推理可知，工作压力产生是因为工作超过能力而导致失控，因此，消除或者降低工作失控，提升员工对工作的控制感，是缓解员工工作压力的最本质的机理。员工对工作的控制即意味着，与工作相关的决策更大程度上由员工自己决定而非组织决定，员工的决策和行为在很大程度上影响工作相关的结果而非对工作结果无能为力。本章将通过问卷法采集数据、实证检验上述两类观点，澄清争议。

### 3.1.3 工作控制的缓压作用研究

增强员工工作控制的措施有提升工作自主权、增强工作反馈、加大工作社会支持。工作自主权，又称决策自由度，即企业赋予员工自主安排工作时间、地点，改变工作程序、方式等的权力；工作反馈，即企业通过各种形式将工作任务完成情况的信息传递给员工；工作社会支持，即企业规定或奖励工作中的员工互助等。上述均可由组织主导设计、员工参与变革的形式实现。

从工作压力定义可知，导致工作压力的原因是工作环境刺激或要求超过了员工自身能力或资源。换言之，工作失控或工作不在员工掌控之中，导致了心理、生理、行为等负面反应。本章认为，工作自主权允许员工自己对所辖工作任务做决定，同时鼓励员工尝试不同方法、提升能力，更好地把控工作结果；工作反馈给予员工更多的工作信息即对工作质量和数量的判断，有利于员工行使自主权，更好地决策安排以及尝试学习，影响最终的工作结果。另外，工作社会支持，能增强员工的资源，使员工通过上级、同事来影响工作和把控结果，因此，具有缓压作用。

回顾相关实证研究可以发现，工作控制与工作压力存在着稳定的、负向关系。如表 3–3 所示。

**表 3–3 工作控制与工作压力**

| 作者及年份 | 工作控制 | 因变量 | 研究结果 |
|---|---|---|---|
| Totterdell 和 Wall，2006 | 工作时间控制、工作方法控制 | 工作压力 | 工作时间控制、工作方法控制均与工作压力负相关 |
| Johnson 和 Hall，1988 | 工作控制、工作支持 | 心血管疾病 | 相对于参照组（PR 为 1）即低要求、高控制、高支持而言，高要求、低控制、低支持组的心血管疾病发病率（Prevalence Ratio）为 2.17 |
| 邓丽芳和郑日昌，2008 | 组织沟通 | 积极心理感受、消极心理感受 | 有效的组织沟通与员工的积极心理感受正相关、与消极心理感受负相关 |
| 赵西萍和赵欣，2008 | 决策自由度 | 疲劳感 | 高决策自由度与高自我效能个体匹配可缓解疲劳感；高决策自由度与低自我效能感匹配、低决策自由度与高自我效能感匹配则增大压力 |

续表

| 作者及年份 | 工作控制 | 因变量 | 研究结果 |
| --- | --- | --- | --- |
| 刘玉新和张建卫，2005 | 客观支持、主观支持、组织支持、支持利用 | 工作压力 | 组织支持通过主观支持的中介作用缓解工作压力；客观支持通过主观支持的中介作用缓解工作压力；客观支持通过支持利用的中介作用缓解工作压力 |
| 马剑虹和张廷文，1999 | 控制感、控制愿望 | 心理压力 | 控制感与心理压力负相关、控制愿望与心理压力正相关 |

总的来看，工作自主性、工作反馈、工作社会支持，能够增强员工对工作的控制，具有缓压作用。据此，本章提出假设1，期待得到实证支持。

假设1a：工作自主性与工作压力负相关；

假设1b：工作反馈与工作压力负相关；

假设1c：工作社会支持与工作压力负相关。

本章进一步关注工作控制对工作要求与工作压力关系的调节作用，即在高工作控制环境中，工作量要求、工作复杂性与工作压力的正向关系是否减弱、甚至变为负相关。考察工作控制的调节作用是判断其缓解效力的重要标准。

理论方面，员工对工作的掌控，有利于心理能量的正常释放和工作的完成，缓解压力；员工对工作无法掌控，则不利于心理能量的释放，不利于工作完成，长期积累将导致心理压力。Karasek提出的工作控制，在广义上讲有助于员工了解、把握工作，预期和决定工作结果的所有工作特征。工作自主权、工作反馈、工作社会支持均有助于增强员工控制、释放其心理能量，消除或降低工作压力。

工作自主权、工作反馈能够在高压力环境中，提升员工控制，发挥缓压效应。控制包含确立标准、衡量成效、纠正偏差三个步骤。工作中，由于"标准"即工作要求已经事先确定，因此，员工对工作的掌控可视为获取工作信息，并使用信息不断施加影响、纠偏的过程。所谓获得信息，即获得工作量完成进度、工作难题是否得到解决相关的信息，这需要给予员工及时的、全面的、准确的工作反馈；所谓使用信息，即依据信息做出分析判断，改变系统输入，这需要员工有一定的工作自主权，能够在工作绩效信息反馈的基础上，分析判断，改变工作计划安排、改善工作方法。

工作社会支持也能够在高压环境中，提升员工控制，发挥缓压效应。来自组织中上级和同事的支持与帮助，涵盖口头情感支持与实际行动支持等形式，都能对员工产生积极影响。一方面，上级和同事的直接帮助，有助于分担工作量、减少工作时间，有助于降低工作难度，使繁重、复杂、失控的工作重新回到员工的掌控之中，从而降低员工压力；另一方面，社会支持可以增进员工与他人包括上级和同事之间的交流，利于员工向他人学习。上级的支持、同事的鼓励还能够促进员工大胆创新、不断尝试，提升自身能力，更好地掌控工作、降低压力。

实证研究方面，Karasek（1979）采用的决策自由度包含两个因素，员工在工作方面的决策权（决策自主）和员工在工作中使用的各项技能（技能决定），验证了高工作要求与低工作控制同时存在会导致“高压力工作”；高工作要求与高工作控制同时存在，则会出现“积极的工作”的假设。Demerouti 与 Bakker（2001，2008）验证反馈的作用，反馈作为一种重要的工作资源，可以给员工提供其所需的、用以维持绩效和健康的必要信息，在高工作要求情境中能够有效缓解压力。Johnson 与 Hall（1988）把孤立压力引入，其研究数据显示，在高工作要求、高工作控制与低工作社会支持的样本组内，工作压力是最高的。总的来看，面对高工作量要求、高工作复杂性，员工可以通过决策自由度、工作反馈、工作社会支持来增强对工作的把控，影响和改变工作要求，缓解工作压力。

总的来看，在高工作量要求、高复杂性情境中，工作自主权、工作反馈、工作社会支持，能够增强员工控制，对工作要求与工作压力的正向关系有调节作用。据此，本章提出假设 2，期待得到实证支持。

假设 2a：高工作自主权能够缓解工作量要求与工作压力的正向关系；

假设 2b：高工作反馈能够缓解工作量要求与工作压力的正向关系；

假设 2c：高工作社会支持能够缓解工作量要求与工作压力的正向关系；

假设 2d：高工作自主权能够缓解工作复杂性与工作压力的正向关系；

假设 2e：高工作反馈能够缓解工作复杂性与工作压力的正向关系；

假设 2f：高工作社会支持能够缓解工作复杂性与工作压力的正向关系。

### 3.1.4 工作激励的缓压作用研究

霍桑试验之后，管理领域学者逐渐认识到：简单的、常规的、没有挑战性的工作导致员工的不满，增加离职和员工更替，给员工管理造成实质性的困难，从而影响企业盈利。针对科学管理存在的问题，学者开始研究增加工作的意义和挑战是否会增加员工满意度和绩效。Hackman 和 Oldham（1975）提出工作特征模型，认为技能多样性、任务完整性、任务重要性、工作自主权和反馈是 5 项重要的工作特征，决定着员工的心理状态和内在激励水平。国内研究者张一驰等（2005）采用来自多个地区的 839 份有效数据研究发现：任务完整性、任务重要性、工作自主性对员工满意度有正向影响；任务完整性、任务重要性、工作自主权和反馈对组织承诺有正向影响；技能多样性、任务整体性、任务重要性、工作自主权和反馈对离职倾向具有负向影响。在工作压力研究领域，知名华人学者谢家琳与 Johns（2005）研究发现，工作范围（Job Scope）即技能多样性、任务完整性、任务重要性、工作自主权、工作反馈与工作压力之间是"U"形曲线关系。

基于控制缓压的理论观点，本章认为工作自主权、工作反馈、工作社会支持具有缓压作用，而技能多样性、任务完整性、任务重要性均不具有缓压作用。技能多样性指的是工作内容需要员工应用多种技能和能力的程度；高技能多样性有利于扩展员工的知识面，接触不同的专业领域。任务完整性指的是工作任务需要员工全面参与完成的程度；任务完整性有利于员工全方位地熟悉某项工作，系统地应用知识。任务重要性指工作结果对工作与生活等的影响程度；任务重要性有利于增强员工的责任感、使其体验到工作的成就感等。Hackman 与 Oldman 曾指出，成长需要较强的员工，即员工对个人成就、学习和发展的渴望程度高，此五维度工作特征将使其体验到更大的满足和激励。涂红伟等（2011）通过实验研究亦发现了 Hackman 与 Oldman 模型的局限性。简言之，技能多样性、任务完整性、任务重要性与工作激励相关，与提升员工控制无关，不具有缓压作用。本章提出假设 3，期待下列假设得不到数据支持。

假设 3a：技能多样性与工作压力负相关；

假设 3b：任务完整性与工作压力负相关；

假设 3c：任务重要性与工作压力负相关。

从方法论意义上，本章还关注技能多样性、任务完整性、任务重要性对工作要求与工作压力关系的调节作用。可以想象，在大量、紧迫的任务面前，在各种复杂难题面前，组织管理者提出员工轮岗以丰富员工技能，或者将整个项目全部交给员工，再或者强调任务完成后的物质以及精神回报，对于员工目前如何行动以推进工作没有太多帮助，无法化解员工心中对任务是否能完成的焦虑。特别在工作要求—工作资源模型研究中，Bakker（2003）将任务变化作为工作要求指标，而 Hakanen（2005）又将所需专业技能的多样性作为工作资源指标，也不支持其缓压作用。

简言之，高工作量要求、高复杂性要求情境中，技能多样性、任务完整性、任务重要性不能提升员工控制，对工作要求与工作压力的正向关系不具有调节效应（见图 3-1）。据此，本章提出假设 4，期待下列假设得不到数据支持。

假设 4a：高技能多样性能够缓解工作量要求与工作压力的正向关系；

假设 4b：高任务完整性能够缓解工作量要求与工作压力的正向关系；

假设 4c：高任务重要性能够缓解工作量要求与工作压力的正向关系；

假设 4d：高技能多样性能够缓解工作复杂性与工作压力的正向关系；

假设 4e：高任务完整性能够缓解工作复杂性与工作压力的正向关系；

假设 4f：高任务重要性能够缓解工作复杂性与工作压力的正向关系。

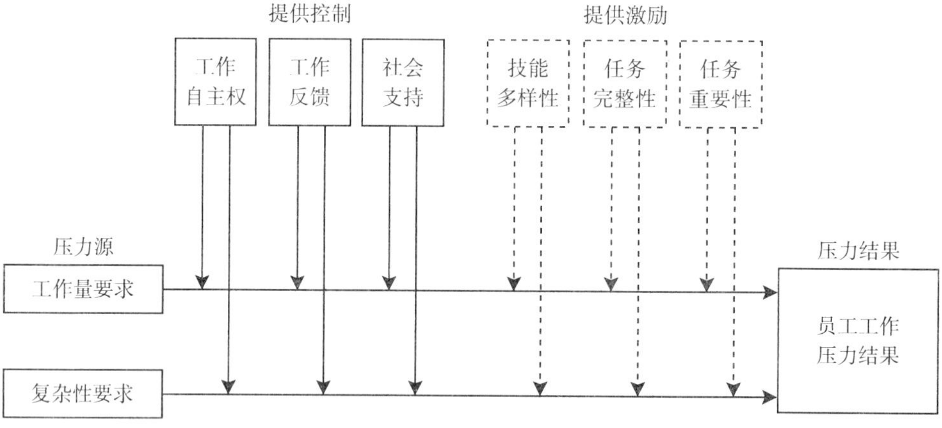


**图 3-1　工作设计对工作要求与工作压力关系的调节**

## 3.2 研究方法与实证设计

### 3.2.1 研究样本

本书选择西安地区18家单位的员工为样本，共发放问卷520份，回收501份，回收率为96.3%。经严格筛选，有效问卷441份，无效问卷60份，有效率88%，样本信息如表3–4所示。

表3–4 调研企业列表

| 编号 | 单位 | 累计数 | 编号 | 单位 | 累计数 |
|---|---|---|---|---|---|
| 1 | 比亚迪 | 42 | 10 | 蒂森克虏伯电梯 | 277 |
| 2 | 兵器摩检所 | 102 | 11 | 海程邦达 | 306 |
| 3 | 陕西粮油物流集团 | 142 | 12 | 湘财证券 | 316 |
| 4 | 宝润实业 | 156 | 13 | 方正科技 | 322 |
| 5 | 西部国际投资集团 | 185 | 14 | 重庆银行 | 329 |
| 6 | 陕西吉安科技防范有限公司 | 205 | 15 | 陕西仓库 | 340 |
| 7 | 陕西建工集团机械施工有限公司 | 219 | 16 | 昆仑厂 | 399 |
| 8 | 汉唐公证处 | 244 | 17 | 富进轮胎 | 447 |
| 9 | 深圳汇洁西安分部 | 264 | 18 | 西安开元商城 | 501 |

有效问卷441份，样本的人口统计学特征、组织特征分布如表3–5所示。

表3–5 样本特征分布表

| 人口统计学变量 | 分类 | 频率（n=441） | 百分比（%） |
|---|---|---|---|
| 岗位 | 研发类 | 58 | 13.2 |
| | 管理类 | 229 | 51.9 |
| | 后勤辅助类 | 42 | 9.5 |
| | 营销类 | 112 | 25.4 |

续表

| 人口统计学变量 | 分类 | 频率（n=441） | 百分比（%） |
|---|---|---|---|
| 工龄 | ≤5 年 | 203 | 46.0 |
| | 5 年< ≤10 年 | 125 | 28.3 |
| | 10 年< ≤15 年 | 45 | 10.2 |
| | >15 年 | 68 | 15.5 |
| 年龄 | ≤25 岁 | 75 | 17.0 |
| | 25 岁< ≤35 岁 | 268 | 60.8 |
| | 35 岁< ≤45 年 | 65 | 14.7 |
| | >45 岁 | 33 | 7.5 |
| 婚姻 | 未婚 | 140 | 31.7 |
| | 已婚 | 295 | 66.9 |
| | 其他 | 6 | 1.4 |
| 学历 | 初中及以下 | 2 | 0.4 |
| | 高中/中专/技校 | 36 | 8.2 |
| | 大专 | 142 | 32.2 |
| | 本科 | 243 | 55.1 |
| | 硕士及以上 | 18 | 4.1 |
| 职称 | 无职称 | 209 | 47.4 |
| | 初级 | 108 | 24.5 |
| | 中级 | 104 | 23.6 |
| | 副高 | 11 | 2.5 |
| | 正高 | 9 | 2.0 |
| 职务 | 无职务 | 265 | 60.1 |
| | 基层管理者 | 124 | 28.1 |
| | 中层管理者 | 52 | 11.8 |

### 3.2.2 变量测量

本书基于 Warr 的研究框架，采用焦虑和沮丧作为工作压力的测量。焦虑和沮丧同是负面的心理情感，却具有不同的意义。焦虑与沮丧的区别在于心理激起的程度不同，前者的心理激起程度高于后者。整个工作压力系统中，个体的心理激起是一个重要的环节，与后续的应对反应、压力后果密切相关。同时，使用焦虑与沮丧的意义在于增加实证结果的稳健性。

Farh 等（2007）认为，在中国管理问题研究中，规范的量表开发方法有 4 种：翻译法、修改法、去情景化方法和情景化方法。在综合考虑各种方法的优劣后，本书选择使用修改法，即翻译已存在的量表并做微小修改以产生更富中国意义的量表版本。使用修改法的基本前提是量表所测量的概念在中外文化情境中是一致的，且高质量的量表已存在。修改法成本较低，便于中西方学者研究交流。可能的风险是，如果对原量表修改较大则会产生新的量表，因此，需要在中国背景下对新量表进行效度检验。

本书选用发表在国际一流学术期刊上的焦虑情感、沮丧情感、工作量要求、工作复杂性、工作社会支持、技能多样性、任务完整性、任务重要性、工作自主权、工作反馈量表。按照 Brislin（2007）的建议，对这些英文量表进行了双向翻译。在此基础上，向部分管理专业研究生发放了测试性问卷，进一步分析检查了相关变量在中外文化背景下的一致性，并对量表作了微小修订，最终形成本书所使用的问卷。如表 3-6 所示，除任务完整性、任务重要性两个量表外，各量表的克伦巴赫系数均大于或者接近通常的临界值 0.7，结果显示量表在中国文化情景中有较好的信度和聚合效度。

**表 3-6 克伦巴赫系数**

| | 概念 | 变量名称 | 条目数 | 克伦巴赫系数 |
|---|---|---|---|---|
| 因变量 | 工作压力 | 焦虑 | 7 | 0.866 |
| | | 沮丧 | 7 | 0.875 |
| 自变量 | 工作要求 | 工作量要求 | 6 | 0.777 |
| | | 工作复杂性 | 3 | 0.733 |
| | 工作设计 | 工作社会支持 | 8 | 0.919 |
| | | 技能多样性 | 3 | 0.613 |
| | | 任务完整性 | 3 | 0.294 |
| | | 任务重要性 | 3 | 0.501 |
| | | 工作自主权 | 3 | 0.584 |
| | | 工作反馈 | 3 | 0.744 |

由于任务完整性、任务重要性量表未能通过检验，因此后续的数据分析将不

再使用。

### 3.2.3 统计方法

延续工作压力领域的传统，本研究使用回归分析工具、采用 SPSS 软件验证研究各项假设。研究调节效应，需要利用层次回归模型对二元交互项，如“工作量要求×社会支持”“工作量要求×技能多样性”“工作量×工作自主权”“工作量×工作反馈”“工作复杂性×社会支持”“工作复杂性×技能多样性”“工作复杂性×工作自主权”“工作复杂性×工作反馈”作分析。本书采纳了 Aiken 和 West（2008）的建议，首先对变量进行了“均值定中”处理，然后相乘构造交互项。这种变换不会影响变量间的相关关系，而且能避免严重的多重共线性问题，可以更有效地研究交互项的影响效应。

为集中关注工作相关变量的影响效应，本书选择如下控制变量：选择年龄、婚姻代表社会家庭方面的压力源；选择个人收入代表经济方面的压力源；选择职称作为教育培训、工作经验方面的控制变量。国外学者常以学历或者受教育年限为控制变量，但结合中国实情，选其为控制变量的意义不大。因为中国组织管理体制和职业文化中受到相当重视的职称，作为一个综合变量本身已经包含了对学历和工作经验两方面的要求，而且能有效区分样本的教育背景及工作经验，更适合作为本书的控制变量。

## 3.3 数据处理与假设检验

### 3.3.1 零阶相关矩阵

零阶相关矩阵如表 3-7 所示：

表 3-7 零阶相关矩阵表

| | 年龄 | 婚姻 1 | 婚姻 2 | 职称 1 | 职称 2 | 职称 3 | 职称 4 | 收入横比 | 工作量要求 | 工作复杂性 | 工作社会支持 | 技能多样性 | 工作自主权 | 工作反馈 | 焦虑 | 沮丧 |
|---|---|---|---|---|---|---|---|---|---|---|---|---|---|---|---|---|
| 年龄 | 1 | | | | | | | | | | | | | | | |
| 婚姻 1 | −0.446** | 1 | | | | | | | | | | | | | | |
| 婚姻 2 | 0.443** | −0.969** | 1 | | | | | | | | | | | | | |
| 职称 1 | −0.269** | 0.260** | −0.249** | 1 | | | | | | | | | | | | |
| 职称 2 | −0.124** | 0.008 | −0.003 | −0.541** | 1 | | | | | | | | | | | |
| 职称 3 | 0.312** | −0.253** | 0.232** | −0.527** | −0.316** | 1 | | | | | | | | | | |
| 职称 4 | 0.210** | −0.109* | 0.113* | −0.152** | −0.091 | −0.089 | 1 | | | | | | | | | |
| 收入横比 | −0.041 | 0.015 | −0.037 | −0.141** | −0.024 | 0.119* | 0.142** | 1 | | | | | | | | |
| 工作量要求 | 0.151** | −0.088 | 0.110* | −0.177** | 0.042 | 0.112* | 0.114* | −0.013 | 1 | | | | | | | |

续表

| | 年龄 | 婚姻 1 | 婚姻 2 | 职称 1 | 职称 2 | 职称 3 | 职称 4 | 收入横比 | 工作量要求 | 工作复杂性 | 工作社会支持 | 技能多样性 | 工作自主权 | 工作反馈 | 焦虑 | 沮丧 |
|---|---|---|---|---|---|---|---|---|---|---|---|---|---|---|---|---|
| 工作复杂性 | -0.032 | 0.045 | -0.035 | -0.139** | 0.024 | 0.079 | 0.082 | 0.090 | 0.076 | 1 | | | | | | |
| 工作社会支持 | -0.238** | 0.188** | -0.202** | -0.057 | 0.039 | 0.018 | 0.019 | 0.157** | -0.078 | 0.194** | 1 | | | | | |
| 技能多样性 | 0.106* | -0.022 | 0.031 | -0.134** | -0.009 | 0.121* | 0.043 | -0.017 | 0.202** | 0.435** | 0.058 | 1 | | | | |
| 工作自主权 | -0.013 | 0.064 | -0.070 | -0.066 | -0.052 | 0.106* | 0.063 | 0.208** | 0.002 | 0.136** | 0.226** | 0.184** | 1 | | | |
| 工作反馈 | -0.173** | 0.102* | -0.091 | -0.078 | 0.089 | -0.008 | 0.005 | 0.128** | -0.103* | 0.037 | 0.176** | 0.143** | 0.272** | 1 | | |
| 焦虑 | -0.035 | -0.031 | 0.036 | -0.015 | 0.035 | -0.016 | 0.021 | -0.177** | 0.216** | 0.148** | -0.131** | 0.042 | -0.192** | -0.219** | 1 | |
| 沮丧 | -0.002 | 0.008 | -0.012 | -0.037 | 0.016 | 0.047 | -0.022 | -0.081 | 0.174** | 0.094* | -0.105* | -0.009 | -0.200** | -0.296** | 0.601** | 1 |

注：婚姻（未婚、已婚、其他）；职称（无职称、初级职称、中级职称、副高级职称、正高级职称）；收入（远低于行业一般水平、略低于行业一般水平，基本持平，略高于行业一般水平，远高于行业一般水平）。

### 3.3.2 工作要求与工作压力关系的回归分析

本章采用回归模型验证前提假设及两个分项假设，工作要求与工作压力正相关、工作量要求与工作压力正相关、工作复杂性与工作压力正相关。回归分析以焦虑、沮丧为因变量代表压力。

第一步，将年龄、婚姻、职称、收入等控制变量放入，控制非工作因素对压力的影响；

第二步，分别将工作量要求、工作复杂性放入，验证工作要求与工作压力的线性关系；

第三步，分别将工作量要求平方、工作复杂性平方放入，进一步考察工作要求与工作压力的非线性关系。

表 3-8 回归分析结果表：工作量要求——工作压力（焦虑）

| | | 模型 1 | 模型 2 | 模型 3 |
|---|---|---|---|---|
| 第一步 | 常数 | | | |
| | 年龄 | -0.089 | -0.106 | -0.109 |
| | 婚姻 1 | -0.004 | -0.084 | -0.084 |
| | 婚姻 2 | 0.048 | -0.035 | -0.035 |
| | 职称 1 | -0.008 | 0.028 | 0.029 |
| | 职称 2 | 0.032 | 0.039 | 0.040 |
| | 职称 3 | 0.034 | 0.033 | 0.035 |
| | 职称 4 | 0.066 | 0.050 | 0.052 |
| | 收入横比 | -0.192*** | -0.184*** | -0.185*** |
| 第二步 | 工作量要求 | | 0.221*** | 0.312 |
| 第三步 | 工作量要求平方 | | | -0.093 |
| | $R^2$ | 0.041 | 0.087 | 0.087 |
| | $\Delta R^2$ | 0.041* | 0.046*** | 0.000 |

注：相关系数显著性水平 * 表示 $p<0.05$；** 表示 $p<0.01$；*** 表示 $p<0.001$，下同。

**表 3-9 回归分析结果表：工作量要求——工作压力（沮丧）**

| | | 模型 1 | 模型 2 | 模型 3 |
|---|---|---|---|---|
| 第一步 | 常数 | | | |
| | 年龄 | -0.014 | -0.028 | -0.588 |
| | 婚姻 1 | -0.058 | -0.123 | -0.630 |
| | 婚姻 2 | -0.082 | -0.149 | -0.770 |
| | 职称 1 | 0.057 | 0.087 | 0.501 |
| | 职称 2 | 0.086 | 0.091 | 0.607 |
| | 职称 3 | 0.126 | 0.125 | 0.880 |
| | 职称 4 | 0.025 | 0.012 | 0.273 |
| | 收入横比 | -0.092 | -0.086 | -1.765 |
| 第二步 | 工作量要求 | | 0.178*** | 1.473 |
| 第三步 | 工作量要求平方 | | | -0.862 |
| | $R^2$ | 0.013 | 0.043 | 0.044 |
| | $\Delta R^2$ | 0.013 | 0.030*** | 0.002 |

**表 3-10 回归分析结果表：工作复杂性——工作压力（焦虑）**

| | | 模型 1 | 模型 2 | 模型 3 |
|---|---|---|---|---|
| 第一步 | 控制变量 | | | |
| 第二步 | 工作复杂性 | | 0.162** | -0.069 |
| 第三步 | 复杂性平方 | | | 0.234 |
| | $R^2$ | 0.041 | 0.066 | 0.067 |
| | $\Delta R^2$ | 0.041* | 0.025** | 0.001 |

注：省略第一步控制变量的系数，下同。

**表 3-11 回归分析结果表：工作复杂性——工作压力（沮丧）**

| | | 模型 1 | 模型 2 | 模型 3 |
|---|---|---|---|---|
| 第一步 | 控制变量 | | | |
| 第二步 | 工作复杂性 | | 0.100* | -0.092 |
| 第三步 | 复杂性平方 | | | 0.194 |
| | $R^2$ | 0.013 | 0.022 | 0.023 |
| | $\Delta R^2$ | 0.013 | 0.010* | 0.001 |

回归分析结果表明，工作量要求与焦虑、沮丧均有显著的正向线性相关关系，工作复杂性与焦虑、沮丧均有显著的正向线性相关关系，工作量要求与焦虑、沮丧不存在非线性相关，工作复杂性与焦虑、沮丧不存在非线性相关，总而言之，工作要求与工作压力有着稳定的、直接的正向关系，支持前提假设。另外，回归分析发现，收入因素对员工压力感影响较大，收入越高压力越小。

### 3.3.3 工作控制与工作压力关系的回归分析

假设 1 认为工作控制即工作自主权与工作压力负相关、工作反馈与工作压力负相关、工作社会支持与工作压力负相关。回归分析以焦虑、沮丧为因变量代表压力。

第一步，将年龄、婚姻、职称、收入等控制变量放入，控制非工作因素对压力的影响；

第二步，分别将工作自主权、工作反馈、工作社会支持放入，验证工作控制与工作压力的线性关系；

第三步，分别将工作自主权平方、工作反馈平方、工作社会支持平方放入，进一步考察非线性关系。

**表 3–12 回归分析结果表：工作自主权——工作压力（焦虑）**

| | | 模型 1 | 模型 2 | 模型 3 |
|---|---|---|---|---|
| 第一步 | 控制变量 | | | |
| 第二步 | 工作自主权 | | $-0.166^{**}$ | $-0.984^{***}$ |
| 第三步 | 工作自主权平方 | | | $0.833^{***}$ |
| | $R^2$ | 0.041 | 0.067 | 0.094 |
| | $\Delta R^2$ | $0.041^{*}$ | $0.026^{**}$ | $0.027^{***}$ |

**表 3–13 回归分析结果表：工作自主权——工作压力（沮丧）**

| | | 模型 1 | 模型 2 | 模型 3 |
|---|---|---|---|---|
| 第一步 | 控制变量 | | | |
| 第二步 | 工作自主性 | | $-0.202^{***}$ | $-1.306^{***}$ |
| 第三步 | 工作自主性平方 | | | $1.125^{***}$ |
| | $R^2$ | 0.013 | 0.051 | 0.101 |
| | $\Delta R^2$ | 0.013 | $0.038^{***}$ | $0.050^{***}$ |

**表 3–14　回归分析结果表：工作反馈——工作压力（焦虑）**

| | | 模型 1 | 模型 2 | 模型 3 |
|---|---|---|---|---|
| 第一步 | 常数 | | | |
| 第二步 | 工作反馈 | | −0.223*** | −1.537*** |
| 第三步 | 工作反馈平方 | | | 1.324*** |
| | $R^2$ | 0.041 | 0.088 | 0.133 |
| | $\Delta R^2$ | 0.041* | 0.047*** | 0.046*** |

**表 3–15　回归分析结果表：工作反馈——工作压力（沮丧）**

| | | 模型 1 | 模型 2 | 模型 3 |
|---|---|---|---|---|
| 第一步 | 控制变量 | | | |
| 第二步 | 工作反馈 | | −0.310*** | −1.443*** |
| 第三步 | 工作反馈平方 | | | 1.142*** |
| | $R^2$ | 0.013 | 0.103 | 0.136 |
| | $\Delta R^2$ | 0.013 | 0.090*** | 0.034*** |

**表 3–16　回归分析结果表：工作社会支持——工作压力（焦虑）**

| | | 模型 1 | 模型 2 | 模型 3 |
|---|---|---|---|---|
| 第一步 | 控制变量 | | | |
| 第二步 | 社会支持 | | −0.129* | 0.087 |
| 第三步 | 社会支持平方 | | | −0.219 |
| | $R^2$ | 0.023 | 0.056 | 0.057 |
| | $\Delta R^2$ | 0.041* | 0.015* | 0.001 |

**表 3–17　回归分析结果表：工作社会支持——工作压力（沮丧）**

| | | 模型 1 | 模型 2 | 模型 3 |
|---|---|---|---|---|
| 第一步 | 控制变量 | | | |
| 第二步 | 社会支持 | | −0.115* | 0.520 |
| 第三步 | 社会支持平方 | | | −0.641* |
| | $R^2$ | 0.013 | 0.024 | 0.034 |
| | $\Delta R^2$ | 0.013 | 0.012* | 0.010* |

回归分析结果表明，工作自主权与焦虑、沮丧，工作反馈与焦虑、沮丧，工作社会支持与焦虑、沮丧均有着显著的负相关关系，支持了假设 1。必须注意的是，工作自主权与焦虑、沮丧，工作反馈与焦虑、沮丧，工作社会支持与沮丧之间仍存在非线性关系，预示着某种新的关系存在。

进一步，本章采用回归模型检验假设 2，以焦虑、沮丧为因变量表示压力，以工作量要求、工作复杂性为自变量，研究工作自主权、工作反馈、工作社会支持的调节作用。

为检验假设 2a，高工作自主权能够缓解工作量要求与工作压力的正向关系，采用回归分析模型。

第一步，将控制变量放入，控制非工作因素对压力的影响；

第二步，放入自变量工作量要求和调节变量工作自主权；

第三步，放入二元交互项“工作量要求 × 工作自主权”，以检验调节效应。

**表 3–18 回归分析结果表：工作量要求 × 工作自主权——工作压力（焦虑）**

| | | 模型 1 | 模型 2 | 模型 3 |
|---|---|---|---|---|
| 第一步 | 控制变量 | | | |
| 第二步 | 工作量要求 | | 0.220*** | 0.225*** |
| | 工作自主权 | | –0.165*** | –0.150** |
| 第三步 | 工作量要求 × 工作自主权 | | | –0.093* |
| | $R^2$ | 0.041 | 0.113 | 0.121 |
| | $\Delta R^2$ | 0.041* | 0.072*** | 0.008* |

**表 3–19 回归分析结果表：工作量要求 × 工作自主权——工作压力（沮丧）**

| | | 模型 1 | 模型 2 | 模型 3 |
|---|---|---|---|---|
| 第一步 | 控制变量 | | | |
| 第二步 | 工作量要求 | | 0.178*** | 0.183*** |
| | 工作自主权 | | –0.201*** | –0.185*** |
| 第三步 | 工作量要求 × 工作自主权 | | | –0.098* |
| | $R^2$ | 0.013 | 0.081 | 0.090 |
| | $\Delta R^2$ | 0.013 | 0.068*** | 0.009* |

回归分析显示，“工作量要求 × 工作自主权”的系数显著，加入交互项后回归模型的解释力显著增加，即工作自主权对工作量要求与工作压力正向关系具有调节作用。具体分析，当工作自主权较高时，工作量要求增强工作压力的程度较弱。结果支持假设 2a。

为检验假设 2b，高工作反馈能够缓解工作量要求与工作压力的正向关系，采用回归分析模型。

第一步，将控制变量放入，控制非工作因素对压力的影响；

第二步，放入自变量工作量要求和调节变量工作反馈；

第三步，放入二元交互项“工作量要求 × 工作反馈”，以检验调节效应。

**表 3–20　回归分析结果表：工作量要求 × 工作反馈——工作压力（焦虑）**

| | | 模型 1 | 模型 2 | 模型 3 |
|---|---|---|---|---|
| 第一步 | 控制变量 | | | |
| 第二步 | 工作量要求 | | 0.200*** | 0.209*** |
| | 工作反馈 | | –0.202*** | –0.207*** |
| 第三步 | 工作量要求 × 工作反馈 | | | –0.091* |
| | $R^2$ | 0.041 | 0.125 | 0.133 |
| | $\Delta R^2$ | 0.041* | 0.084*** | 0.008* |

**表 3–21　回归分析结果表：工作量要求 × 工作反馈——工作压力（沮丧）**

| | | 模型 1 | 模型 2 | 模型 3 |
|---|---|---|---|---|
| 第一步 | 控制变量 | | | |
| 第二步 | 工作量要求 | | 0.148** | 0.162** |
| | 工作反馈 | | –0.294*** | –0.302*** |
| 第三步 | 工作量要求 × 工作反馈 | | | –0.142** |
| | $R^2$ | 0.013 | 0.123 | 0.142 |
| | $\Delta R^2$ | 0.013 | 0.110*** | 0.020** |

回归分析显示，“工作量要求 × 工作反馈”的系数显著，加入交互项后回归模型的解释力显著增加，即工作反馈对工作量要求与工作压力正向关系具有调节作用。具体分析，当工作反馈较高时，工作量要求增强工作压力的程度较弱。结果支持假设 2b。

为检验假设 2c，高工作社会支持能够缓解工作量要求与工作压力的正向关系，采用回归分析模型。

第一步，将控制变量放入，控制非工作因素对压力的影响；

第二步，放入自变量工作量要求和调节变量工作社会支持；

第三步，放入二元交互项“工作量要求 × 工作社会支持”，以检验调节效应。

表 3-22 回归分析结果表：工作量要求 × 社会支持——工作压力（焦虑）

| | | 模型 1 | 模型 2 | 模型 3 |
|---|---|---|---|---|
| 第一步 | 控制变量 | | | |
| 第二步 | 工作量要求 | | 0.214*** | 0.214*** |
| | 社会支持 | | −0.116* | −0.113* |
| 第三步 | 工作量要求 × 社会支持 | | | 0.012 |
| | $R^2$ | 0.041 | 0.099 | 0.099 |
| | $\Delta R^2$ | 0.041* | 0.058*** | 0.000 |

表 3-23 回归分析结果表：工作量要求 × 社会支持——工作压力（沮丧）

| | | 模型 1 | 模型 2 | 模型 3 |
|---|---|---|---|---|
| 第一步 | 控制变量 | | | |
| 第二步 | 工作量要求 | | 0.172*** | 0.172*** |
| | 社会支持 | | −0.104* | −0.112* |
| 第三步 | 工作量要求 × 社会支持 | | | −0.035 |
| | $R^2$ | 0.013 | 0.052 | 0.053 |
| | $\Delta R^2$ | 0.013 | 0.040*** | 0.001 |

回归分析显示，“工作量要求 × 社会支持”的系数不显著，即社会支持对工作量要求与工作压力之间关系没有调节作用，不支持假设 2c。

为检验假设 2d，高工作自主权能够缓解工作复杂性与工作压力的正向关系，采用回归分析模型。

第一步，将年龄、婚姻、职称、收入等控制变量放入，控制非工作因素对压力的影响；

第二步，放入自变量工作复杂性和调节变量工作自主权，验证加和效应；

第三步，放入二元交互项“工作复杂性 × 工作自主权”，以检验调节效应。

表 3-24　回归分析结果表：工作复杂性 × 工作自主权——工作压力（焦虑）

| | | 模型 1 | 模型 2 | 模型 3 |
|---|---|---|---|---|
| 第一步 | 控制变量 | | | |
| 第二步 | 工作复杂性 | | 0.182*** | 0.177*** |
| | 工作自主权 | | −0.186*** | −0.155** |
| 第三步 | 工作复杂性 × 工作自主权 | | | −0.183*** |
| | $R^2$ | 0.041 | 0.098 | 0.130 |
| | $\Delta R^2$ | 0.041* | 0.057*** | 0.032*** |

表 3-25　回归分析结果表：工作复杂性 × 工作自主权——工作压力（沮丧）

| | | 模型 1 | 模型 2 | 模型 3 |
|---|---|---|---|---|
| 第一步 | 控制变量 | | | |
| 第二步 | 工作复杂性 | | 0.123* | 0.118* |
| | 工作自主权 | | −0.215*** | −0.182*** |
| 第三步 | 工作复杂性 × 工作自主权 | | | −0.196*** |
| | $R^2$ | 0.013 | 0.065 | 0.102 |
| | $\Delta R^2$ | 0.013 | 0.052*** | 0.037*** |

回归分析显示，“工作复杂性 × 工作自主权”的系数显著，加入交互项后回归模型的解释力显著增加，即工作自主权对工作复杂性与工作压力正向关系具有调节作用。具体分析，当工作自主权较高时，工作复杂性与工作压力呈现微弱的负相关关系。结果支持假设 2d。

为检验假设 2e，高工作反馈能够缓解工作复杂性与工作压力的正向关系，采用回归分析模型。

第一步，将年龄、婚姻、职称、收入等控制变量放入，控制非工作因素对压力的影响；

第二步，放入自变量工作复杂性和调节变量工作反馈，验证加和效应；

第三步，放入二元交互项“工作复杂性 × 工作反馈”，以检验调节效应。

表 3–26 回归分析结果表：工作复杂性 × 工作反馈——工作压力（焦虑）

| | | 模型 1 | 模型 2 | 模型 3 |
|---|---|---|---|---|
| 第一步 | 控制变量 | | | |
| 第二步 | 工作复杂性 | | 0.161** | 0.159** |
| | 工作反馈 | | –0.222*** | –0.209*** |
| 第三步 | 工作复杂性 × 工作反馈 | | | –0.117* |
| | $R^2$ | 0.041 | 0.112 | 0.126 |
| | $\Delta R^2$ | 0.041* | 0.071*** | 0.013* |

表 3–27 回归分析结果表：工作复杂性 × 工作反馈——工作压力（沮丧）

| | | 模型 1 | 模型 2 | 模型 3 |
|---|---|---|---|---|
| 第一步 | 控制变量 | | | |
| 第二步 | 工作复杂性 | | 0.099* | 0.095* |
| | 工作反馈 | | –0.309*** | –0.289*** |
| 第三步 | 工作复杂性 × 工作反馈 | | | –0.174*** |
| | $R^2$ | 0.013 | 0.112 | 0.141 |
| | $\Delta R^2$ | 0.013 | 0.099*** | 0.029*** |

回归分析显示，“工作复杂性 × 工作反馈”的系数显著，加入交互项后回归模型的解释力显著增加，即工作反馈对工作复杂性与工作压力正向关系具有调节作用。具体分析，当工作反馈较高时，工作复杂性增强焦虑的程度较弱，工作复杂性与沮丧呈现较弱的负相关关系。结果支持假设 2e。

为检验假设 2f，高工作社会支持能够缓解工作复杂性与工作压力的正向关系，采用回归分析模型。

第一步，将年龄、婚姻、职称、收入等控制变量放入，控制非工作因素对压力的影响；

第二步，放入自变量工作复杂性和调节变量工作社会支持，验证加和效应；

第三步，放入二元交互项“工作复杂性 × 工作社会支持”，以检验调节效应。

表 3-28 回归分析结果表：工作复杂性 × 社会支持——工作压力（焦虑）

| | | 模型 1 | 模型 2 | 模型 3 |
|---|---|---|---|---|
| 第一步 | 控制变量 | | | |
| 第二步 | 工作复杂性 | | 0.187*** | 0.184*** |
| | 社会支持 | | −0.160** | −0.155** |
| 第三步 | 工作复杂性 × 社会支持 | | | −0.045 |
| | $R^2$ | 0.041 | 0.088 | 0.090 |
| | $\Delta R^2$ | 0.041* | 0.047*** | 0.002 |

表 3-29 回归分析结果表：工作复杂性 × 社会支持——工作压力（沮丧）

| | | 模型 1 | 模型 2 | 模型 3 |
|---|---|---|---|---|
| 第一步 | 控制变量 | | | |
| 第二步 | 工作复杂性 | | 0.121* | 0.114* |
| | 社会支持 | | −0.134** | −0.123* |
| 第三步 | 工作复杂性 × 社会支持 | | | −0.114* |
| | $R^2$ | 0.013 | 0.038 | 0.050 |
| | $\Delta R^2$ | 0.013 | 0.025** | 0.013* |

回归分析显示，以焦虑为因变量的回归中“工作复杂性 × 社会支持”的系数不显著，即社会支持对工作复杂性与焦虑之间关系没有调节作用；以沮丧为因变量的回归中“工作复杂性 × 社会支持”的系数显著，且加入交互项后模型解释力显著增加，即社会支持对工作复杂性与沮丧之间关系有调节作用。具体分析，当社会支持较高时，工作复杂性增强工作压力的程度较弱。部分支持假设 2f。

### 3.3.4 工作激励与工作压力关系的回归分析

假设 3 认为增进员工激励即增强技能多样性与工作压力负相关。回归分析以焦虑、沮丧为因变量代表压力。

第一步，将年龄、婚姻、职称、收入等控制变量放入，控制非工作因素对压力的影响；

第二步，将技能多样性放入，验证其与工作压力的线性关系；

第三步，将技能多样性平方放入，考察两者间的非线性关系。

表 3-30 回归分析结果表：技能多样性——工作压力（焦虑）

| | | 模型 1 | 模型 2 | 模型 3 |
|---|---|---|---|---|
| 第一步 | 控制变量 | | | |
| 第二步 | 技能多样性 | | 0.041 | 0.167 |
| 第三步 | 多样性平方 | | | -0.128 |
| | $R^2$ | 0.041 | 0.043 | 0.043 |
| | $\Delta R^2$ | 0.041* | 0.002 | 0.000 |

表 3-31 回归分析结果表：技能多样性——工作压力（沮丧）

| | | 模型 1 | 模型 2 | 模型 3 |
|---|---|---|---|---|
| 第一步 | 控制变量 | | | |
| 第二步 | 技能多样性 | | -0.016 | -0.215 |
| 第三步 | 多样性平方 | | | 0.202 |
| | $R^2$ | 0.013 | 0.013 | 0.014 |
| | $\Delta R^2$ | 0.013 | 0.000 | 0.001 |

回归分析结果表明，技能多样性与焦虑、沮丧之间既无显著的线性相关关系，也无显著的非线性相关关系。由于任务完整性、任务重要性两个量表未通过信度和效度检验，回归分析未检验其与工作压力的关系。基于上述情况，可以认为实证研究结果不支持假设 3。

进一步，本章采用回归模型检验假设 4，以焦虑、沮丧为因变量表示压力，以工作量要求、工作复杂性为自变量，研究技能多样性的调节作用，实证研究涉及假设 4a 与假设 4d。

为检验假设 4a，即高技能多样性能够缓解工作量要求与工作压力的正向关系，采用回归分析模型。

第一步，将年龄、婚姻、职称、收入等控制变量放入，控制非工作因素对压力的影响；

第二步，放入自变量工作量要求和调节变量技能多样性，验证加和效应；

第三步，放入二元交互项"工作量要求 × 技能多样性"，以检验调节效应。

回归分析显示，"工作量要求 × 技能多样性"的系数不显著，即技能多样性对工作量要求与工作压力之间关系没有调节作用，不支持假设 4a。

**表 3-32　回归分析结果表：工作量要求 × 技能多样性——工作压力（焦虑）**

| | | 模型 1 | 模型 2 | 模型 3 |
|---|---|---|---|---|
| 第一步 | 控制变量 | | | |
| 第二步 | 工作量要求 | | 0.220*** | 0.222*** |
| | 技能多样性 | | 0.004 | 0.003 |
| 第三步 | 工作量要求 × 技能多样性 | | | −0.024 |
| | $R^2$ | 0.041 | 0.087 | 0.087 |
| | $\Delta R^2$ | 0.041* | 0.046*** | 0.001 |

**表 3-33　回归分析结果表：工作量要求 × 技能多样性——工作压力（沮丧）**

| | | 模型 1 | 模型 2 | 模型 3 |
|---|---|---|---|---|
| 第一步 | 控制变量 | | | |
| 第二步 | 工作量要求 | | 0.187*** | 0.187*** |
| | 技能多样性 | | −0.047 | −0.047 |
| 第三步 | 工作量要求 × 技能多样性 | | | 0.000 |
| | $R^2$ | 0.013 | 0.045 | 0.045 |
| | $\Delta R^2$ | 0.013 | 0.032*** | 0.000 |

为检验假设 4d，高技能多样性能够缓解工作复杂性与工作压力的正向关系，采用回归分析模型。

第一步，将年龄、婚姻、职称、收入等控制变量放入，控制非工作因素对压力的影响；

第二步，放入自变量工作复杂性和调节变量技能多样性，验证加和效应；

第三步，放入二元交互项“工作复杂性 × 技能多样性”，以检验调节效应。

**表 3-34　回归分析结果表：工作复杂性 × 技能多样性——工作压力（焦虑）**

| | | 模型 1 | 模型 2 | 模型 3 |
|---|---|---|---|---|
| 第一步 | 控制变量 | | | |
| 第二步 | 工作复杂性 | | 0.177** | 0.179** |
| | 技能多样性 | | −0.034 | −0.035 |
| 第三步 | 工作复杂性 × 技能多样性 | | | −0.016 |
| | $R^2$ | 0.041 | 0.067 | 0.067 |
| | $\Delta R^2$ | 0.041* | 0.026** | 0.000 |

表 3–35 回归分析结果表：工作复杂性 × 技能多样性——工作压力（沮丧）

| | | 模型 1 | 模型 2 | 模型 3 |
|---|---|---|---|---|
| 第一步 | 控制变量 | | | |
| 第二步 | 工作复杂性 | | 0.131* | 0.130* |
| | 技能多样性 | | –0.071 | –0.071 |
| 第三步 | 工作复杂性 × 技能多样性 | | | 0.007 |
| | $R^2$ | 0.013 | 0.026 | 0.026 |
| | $\Delta R^2$ | 0.013 | 0.014 | 0.000 |

回归分析显示，“工作复杂性 × 技能多样性”的系数不显著，即技能多样性对工作复杂性与工作压力之间关系没有调节作用，不支持假设 4d。

实证结果显示，与提升员工控制相关的工作自主权、工作反馈、工作社会支持能够调节工作量要求、工作复杂性与工作压力之间的正向关系；特别地，高工作自主权能够调节工作复杂性与工作压力之间的关系，使正向关系变为微弱的负向关系，支持了假设 2。与增进员工激励相关的技能多样性不能够调节工作量要求、工作复杂性与工作压力之间的正向关系，不支持假设 4。

## 3.4 结果讨论

### 3.4.1 研究结论

本章的实证研究得出了如下主要结论：

第一，数据分析结果支持了工作设计缓压的本质机理——提升员工控制，驳斥了有关增进员工激励可以缓解压力的观点。有关工作（再）设计的缓压效应存在两种不同解释，一是增强员工控制缓压，二是提升员工激励缓压。正反两方面的数据结果表明，工作设计若能提升员工对工作的控制，则有助于缓解其工作压力。具体来讲，工作自主权、工作反馈、工作社会支持有助于提升员工控制、与工作压力负相关，且在高压力情境中，对工作要求与工作压力之间的正向关系具有负向调节作用。而技能多样性等与员工控制无关、不具有缓压作用。

第二，基于提升员工控制进而缓解工作压力的论断，本章扩展整合了Karasek系模型与Demerouti系模型。在Karasek的JDC模型、JDCS模型基础上，引入工作反馈，阐释并验证了工作反馈提升员工控制的理论假设；在Demerouti等的JDR模型、改进JDR模型基础上，以能否提升员工控制为标准甄别了工作资源，剔除了技能多样性等非缓压因素，将工作设计流派的现有模型有机整合。针对Hackman与Oldman所提出的技能多样性，以及JDR模型相关实证研究中的多样性能否缓解压力的争议，本章进行了验证性研究，结果表明：无论是加和模型还是交互模型，多样性都不能缓解压力。

### 3.4.2 实践建议

依据本章研究结论，可得出如下实践建议：

第一，本章研究结论剔除了以往名为缓压实为激励的伪缓压策略，指出工作（再）设计应增强员工对工作的掌控感，从而具有缓压效力。经过实证检验，三种工作（再）设计——工作自主权、工作反馈、工作社会支持，在两种高工作要求情景下具有缓压作用。在组织压力管理实践中，应着力增强员工对自己所负责工作的自主权，允许员工自由决定工作时间和方法，鼓励员工参与企业决策；提供全面的、及时的、准确的工作过程和结果信息反馈；提供全方位的工作社会支持，要求上级关心支持下属，鼓励员工间互助，以有效缓解员工压力。

第二，本章研究结论拓展了缓压策略的适用领域。工作自主权、工作反馈、社会支持等的缓压作用不仅适用于操作性职业、与人打交道的职业，还可扩展至研发、技术、管理、营销等更为复杂的工作领域。以往缓压研究，只针对工作量要求寻求缓压因素和方法；本章引入了工作复杂性要求，验证了高复杂工作情境中工作自主权、工作反馈、工作社会支持的缓压效力。

# 4　个性心理的缓压效应研究

个体的心理特征具有缓压效应，这使企业组织和管理可以通过甄选任用、培训开发的方式缓解员工工作压力。本章从员工与组织、工作相匹配的观点出发提出员工个性心理与工作特征相匹配的缓压思路；综述比较缓压研究中的六类个性心理变量，选择成就目标导向作为主要考察对象；提出成就目标导向与工作要求相匹配的研究假设，采用18家单位的441份有效数据进行方差分析检验假设。研究支持了心理特征与工作特征相匹配以缓解压力的论断，发现了高工作复杂性与趋近目标导向匹配、高工作量要求与高绩效目标导相匹配的最佳缓压模式。基于上述实证结果，本章面向不同成就目标导向的员工提出了建议。

## 4.1　模型和研究假设提出

### 4.1.1　个体与组织、工作相匹配的理念

个体与组织相匹配是组织行为学的传统。在组织行为学重要奠基性著作《个性与组织》（*Personality and Organization*）一书中，阿吉里斯（Argyris.C）贯穿了个体与组织相结合的分析视角：

（阿吉里斯）认为从位于多维连续体两端的两种社会有机体着手进行思考，更有利于澄清问题。在多维连续体的两端，一端是以满足个体需要为主的群体，另一端是以达成组织目标为主的组织。前者能够发展为组织，后者也可能演变成为面向个体需要的群体。

……

研究组织行为的视角经历了一些极端的变化。首先开展组织行为研究的是一些研究真实组织的专家，然后是人际关系专家，他们的研究重点是组织中的个体。最近的情况是，这两种极端的研究视角在向中间靠拢，所以研究者在研究组织行为时，并没有持其中一种视角比另一种视角更好的假设。现在，在思考整个组织如何健康发展时，主要考虑的是如何使组织的各个组成部分在各自可承受的限度内相互适应，以保持整个组织的正常运转。

阿吉里斯（Argyris.C）创造性地指出“人格发展要经历一个从不成熟到成熟的过程”，并归纳了若干正式组织的原则，进而将“个体”与“组织”整合进了一个框架展开分析，构建了自己的组织行为学理论。

另一位组织行为学大师麦格雷戈（McGregor.D）在其经典著作《企业的人性面》（*The Human Side of Enterprise*）一书中更是明确了人性假设与管理方法相匹配的思想：

(X 人性假设)

一般人都对工作具有与生俱来的厌恶，因此只要有可能，便会逃避工作。

由于人们具有厌恶工作的本性，因此必须对他们进行强制、控制、监督以及予以惩罚的威胁，才能促使他们努力向组织目标奋进。

一般都愿意接受监督，希望逃避责任，胸无大志，安于现状。

(Y 人性假设)

工作对于体力与智力的消耗是再正常不过的事情，就像游戏和休息一样自然。一般人并非天生厌恶工作。工作到底是满足的来源，还是惩罚的来源，完全是可以人为控制的。

要想促使人朝着组织目标而奋斗，外在的控制及惩罚的威胁并非唯一的方法。人为了达到自己承诺的目标，自然会坚持“自我指导”与“自我控制”。

人之所以对目标做出承诺，是为了得到实现目标后的各种酬劳。在各种类型的酬劳中，尊重需要及自我实现需要的满足可以趋使人们朝着组织的目标而努力。

在正常情况下，人不但能学会承担责任，还会争取责任。常见的逃避责任、胸无大志、贪图保障等现象是后天形成的结果，并非先天本性。

以高度的想象力、智力、创造力来解决组织中的各项问题，这是大多数人都具有的能力，而不是少数人特有的能力。

在现代企业模式下，大部分人都只是发挥了一部分智能潜力。

麦格雷戈（McGregor.D）归纳强调了基于X人性假设的管理原则是阶梯原则，即“通过执行权威进行指挥与控制的原则”，提出了革命性的Y人性假设和与之匹配的目标融合原则，即“创造条件，使组织成员达成自身目标，同时努力追求组织的成功”。

概括而言，个体与组织相匹配是组织行为学领域中发现、分析和解决问题的方法论，研究组织行为问题不能依靠“极端”的视角，不能仅从个体需求角度进行纯粹的心理学分析，也不能单纯依据组织管理原则做出抽象判断，要采用“中间”视角将个体与组织结合起来。更进一步地，个体与组织匹配是组织与人力资源管理实践领域中的一条黄金法则，解决组织中与人相关的管理问题，不能不顾及“人性”差异而一味采用“强制”“惩罚”的方法，亦不能不考虑组织目标盲目实行“俱乐部式管理”。

工作压力的定义与组织行为学中“个体与组织相匹配”的理念是一致的。工作压力是因工作环境刺激或要求超过员工自身应对能力或资源而导致的个体心理、生理、行为等的负面反应。其中，包含了工作环境与员工自身两方面的因素：工作压力的产生是由于工作刺激超过了员工应对能力或资源，工作要求是多种多样的，员工作为个体是千差万别的。

压力的“刺激—反应观”与组织行为学中“个体与组织相匹配”的理念是一致的。“刺激—反应观”既考虑工作环境因素又考虑员工个体因素，压力的产生取决于工作和员工两方面，同理，压力的缓解也应该从两方面来考虑。换言之，应该将不同的工作特征与不同的员工心理匹配起来，降低工作压力。

### 4.1.2 成就目标导向

基于对情感类、性格类、归因类、价值目标类、能力信念类五类个性心理变量的回顾和比较，本章选择个体的价值目标差异，以成就目标导向为操作变量，展开实证研究。

首先，相对于情感类、性格类、归因类个体差异变量而言，成就目标导向更符合“匹配”观点。

在个体与环境关系方面，情感、性格具有“稳定”和“单向”的特点；而价值目标则具有“可变”和“双向”的特点。情感相对于情绪是稳定的，性格是稳定的行为倾向，所谓稳定是无论外界条件如何变化都保持一致。换句话说，情感和性格都疏于考虑情景因素、不会因情景而发生变化；目标导向是个体对客观世界的价值判断和追求，概念本身包含了个体和环境两方面的因素，客观世界与个体的目标导向相互影响。

在个体应对压力的过程中，情感类、性格类、归因类变量只描述了“一个回合”，而价值目标则解释了“多个回合”。情感、性格具有稳定性，归因过程完成后的反应或者认知评价后的应对行为都是一次性的；而成就目标导向则不同，以学习导向为例，通过对压力源的积极认知、通过学习不断提升自身能力而缓解压力，达成目的，其中包含了个体与环境的多次交互，寻求压力应对手段与压力的匹配，达到缓解压力的目的。

稳定、单向、一个回合的变量不适宜作为匹配研究的操作变量，而可变、双向、多个回合的成就目标导向更适宜选做匹配研究的操作变量。

其次，与其他变量相比，成就目标导向更具有先导性。在回答“人为什么会有所不同?”这个问题时，德韦克（2007）认为个体的成就目标导向差异是关键。她认为，心理导向是一种信念，即认为自己的能力、成就是由先天命定或自主努力的结果的信念，这种信念对人们生命及其发展产生了重要影响。

举例说明，多项实证研究显示成就目标导向是自我效能的重要前因，如王雁飞等（2004）基于珠三角地区 539 份有效样本发现，学习目标定向（路径系数 0.563，$p<0.001$）、成绩—证实认可目标（路径系数 0.176，p 小于 0.01）对自我效能感有显著的正向影响；卢忠耀、陈建文（2017）基于 437 名大学生样本的研究发现，掌握趋紧导向对大学生的学业效能具有显著的正向影响（0.05，$p<0.01$）。

从方法论角度考虑，考察先导性的前因更具理论意义。换言之，选择成就目标导向来构建匹配模型，更富有解释力。

最后，相对于其他变量，成就目标导向具有更为深厚的理论基础和更为广泛的实践应用，具有可开发性。成就目标导向源于 Dweck、Elliot 等的研究，学者们整合认知研究与动机研究提出成就动机理论，先后提出二维度、三维度、四维度较成熟的测量工具；德韦克在专著中，面向家长、教师、教练讲述了如何改变心理定向。可测性、可开发性决定着研究的实践价值，基于成就目标导向的缓压研究结论，可以指导企业管理者进行人员的选聘、培训。

### 4.1.3　工作要求与成就目标导向的匹配

工作要求与工作压力有着稳定的、直接的、正向关系，即工作要求是主要的压力源。管理者和员工不可能改变工作要求，即采取降低工作要求的方式缓解压力，只能通过改变员工使其适应工作要求，进而缓解压力。与 Rothbaum 等《改变世界与改变自己》一文中的基本观点一致，如果能够改变世界来适应自己，则改变世界；如果不能改变外界，那么只能改变自己适应世界。站在组织角度，员工是可以通过招聘来选择、可以通过激励而改变的；站在员工角度，虽无法直接降低工作要求，但可以在一定范围内做出选择、适应组织要求。进一步地，Swartz 等（2002）在价值观研究中提出的“快乐是选择”的观点，即依据价值目标进行选择，或选择与价值倾向相适应将获得积极结果。具体到工作压力研究中，组织依据工作要求特点来选择员工、员工选择适应不同的工作要求（员工在组织给定的范围内进行选择）会使员工产生积极的情感体验。本章提出：组织应选择与其价值观——宏观表现为组织目标、微观表现为工作要求——相适应的个体；个体也应选择与自己相适应的工作，以达成组织、工作与员工的匹配。

组织对员工的工作要求可以分为工作量要求与工作复杂性。知识型职业和操作型职业分别是工作复杂性要求与工作量的代表。知识型职业，如研发人员，医生等，常常面对的是新目标、新问题，采用不同于以往的、创新性的手段、方法完成任务；操作型职业，如加工制造业工人、护士等，常常面对的是常规性工作，要求采用科学、标准的流程完成任务。员工的个人目标区分为学习目标导向、绩效目标导向、趋近目标导向和回避目标导向。具有高绩效目标导向的个体，更关注外在评价，以超越他人、获得外在认可为目的；具有高学习目标导向的个体，更关注内在价值，以学习掌握新知识、新技能为目的。具有高趋近目标导向的个体，具有更为积极的行为倾向，聚焦于最想要的目标；具有高回避目标导向的个体，具有更为消极的行为倾向，聚焦于最不想要的目标。不同倾向的成就目标导向显著影响员工对自身现有能力的评价及其行为模式的选择。

高工作复杂性的工作具有挑战性，其绩效结果难以预期，这对于那些具有积极行为倾向，希望通过努力达成更有意义目标的员工而言，具有激励作用、能够激发其兴趣和热情、积极追求更好的结果，所以高趋近目标导向个体趋向于选择高工作复杂性工作。Kennon（2003）的研究指出，工作要求的内容是成果的重要决定因素，困难的工作导致更好的绩效。Hirst（2009）的研究中指出，趋近目标导向与创新正相关，趋近目标导向强的个体会更倾向于选择与创新有关的高复杂性工作。因此，高工作复杂性与高趋近目标导向相匹配，压力感最低。

对于那些具有消极行为倾向，以避免失败为目标的员工而言，高工作复杂性相关的创新性会加大风险性，增大失败的可能，因而降低其工作热情、抑制其行为系统，所以高回避目标导向个体倾向于选择低工作复杂性工作。Rusk（2011）的研究中指出，回避目标导向个体倾向于避免挑战性工作，此类工作会提高犯错误的风险而影响绩效。Martin（2012）的研究指出，当任务存在风险时，趋近与回避目标导向的矛盾会被激起，回避目标导向个体会尽力避免风险。因此，与高回避目标导向不匹配，员工压力感高。

复杂性工作以技术要求高、创新性强为突出特点，客观上为员工提供了学习机会、有利于员工提升自身能力。但许多企业，如 IT 行业，由于知识更新速度较快，学习已经成为企业对员工一种硬性要求，成为重要的工作压力源。在中国背景下，赵欣等（2014）研究发现，学习目标导向较高的个体报告了较高的工作压力感，这也说明员工心中已将学习目标导向与“被学习”画等号。换言之，学习目标导向在中国背景下实际测度的是员工“被动学习”的程度，不是原始的定义，因此复杂性与学习导向将导致较大的压力感。

对于那些希望超越他人、获得同事、上级认可的高绩效目标导向员工而言，工作复杂性具有两种不同的意义。高复杂性是一种阻碍，阻碍其顺利完成任务、达成绩效目标，因此，两者不匹配。Hagger（2011）的研究指出，高绩效目标导向个体在感到自己能力有限的情况下，会选择较为容易的工作；即使其感觉自己能力较强，也会为了获得可以展示自己的机会而放弃学习的机会。Luo（2011）的研究指出，高绩效目标导向个体会避免一切比他人表现差、分数低、没有说话权利的工作。另外，从中国企业管理实践出发，组织对复杂工作的激励制度多以阶段性绩效结果为基础，员工的绩效目标导向与组织激励制度是匹配的，有一定缓解压力的作用。因此，高工作复杂性与高绩效目标导向将导致中等程度的压力。

基于以上分析，本章提出假设1：

高工作复杂性与趋近目标导向匹配，与其他情况相比，员工工作压力最低；高工作复杂性与回避目标导向、学习目标导向不匹配，与其他情况相比，员工工作压力较高；高工作复杂性与绩效目标导向，员工工作压力居中。

高工作量要求的工作，强调程序与规范，其绩效结果是可预期的，对于追求结果和绩效的员工而言，常规性工作、程序化工作有利于提升工作效率，工作结果容易显现，这对其具有较强的激励作用，所以高绩效导向员工倾向于选择工作量要求高的工作。Gorozidis（2011）的研究指出，高绩效目标导向个体更看重结果，希望避免负面反馈，简单重复工作有助于缓解其焦虑或认为自身能力差等不良情绪。因此，高工作量要求与高绩效目标导向匹配。

高工作量、高时间要求的工作大多以常规性为特点，这对于追求新知识、新技能的员工而言毫无意义，是一种折磨。Elliot（2008）的研究指出，高学习目标导向个体想要提升自己的意愿会导致其避免简单重复工作，以提升解决问题的能力。另外，更为重要的是，中国情景下学习已成为一种要求，学习目标导向成为"被动学习"的一种测度，因此高工作量与高学习导向将导致高压力感。

高工作量及时间要求的工作，对趋近目标导向个体，具有两种不同意义。一方面，工作量要求对趋近目标导向个体也是一种目标，完成工作量也是成功，具有匹配的一面，进而舒缓压力；另一方面，此类工作的程序性强、时间要求高、工作量大，趋近目标导向个体可能为快速完成工作作出某些新的尝试，与此类工作的程序性要求相违背，具有不匹配的一面，可能增大压力。Otis（2008）的研究指出，趋近目标导向个体比回避目标导向个体表现出更为积极的自身评价和较少的负面情绪。因此，高工作量要求与高趋近目标导向将导致中等程度的压力。

回避目标导向员工想要规避问题和矛盾，高工作量也是其中一种。工作任务量大、时间要求紧，以及随之而来的问题，使回避导向的员工产生畏难情绪，因而倾向于选择工作量要求较低、时间较宽裕的工作。Castillo（2011）的研究指出，高回避目标导向个体会表现出较为负面的情感及较低的自身评价。因此，高工作量及时间要求与高回避目标导向不匹配。

基于以上分析，本章提出假设2：

高工作量要求与高绩效目标导向匹配，与其他情况相比，员工工作压力最低；高工作量要求与学习目标导向、回避目标导向不匹配，与其他情况相比，员工工作压力较高；高工作量要求与趋近目标导向，员工工作压力居中。

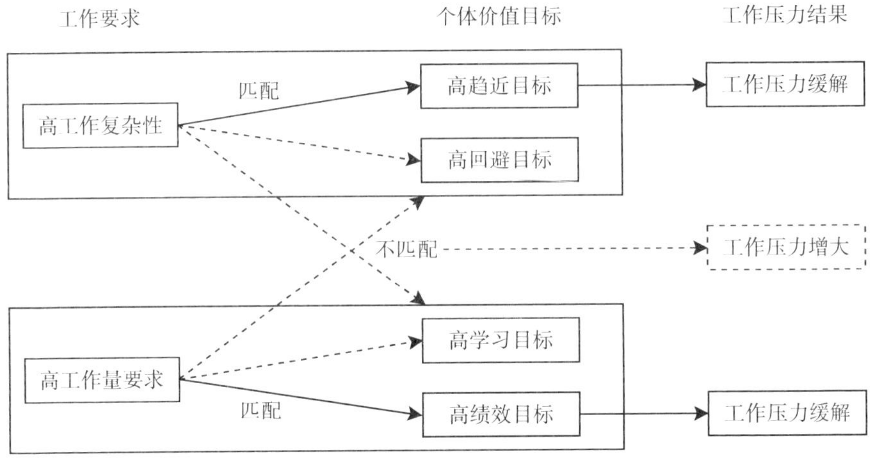


**图 4–1　工作要求与成就目标导向匹配模型**

## 4.2　研究方法与实证设计

本章使用与第 3 章同样的样本，即选择西安地区 18 家单位的员工为样本，共发放问卷 520 份，回收 501 份，回收率为 96.3%。经严格筛选，有效问卷 441 份，无效问卷 60 份，有效率 88%，样本信息详见第 3 章。

### 4.2.1　变量测量

本书选用发表在国际一流学术期刊上的焦虑情感、沮丧情感、工作量要求、工作复杂性、成就目标导向量表。按照 Brislin（1986）的建议，对这些英文量表进行了双向翻译。在此基础上，向部分管理专业研究生发放了测试性问卷，进一步分析检查了相关变量在中外文化背景下的一致性，并对量表作了微小修订，最终形成本研究所使用的问卷。如表 4–1 所示，各量表的克伦巴赫系数均大于通常的临界值 0.7，结果显示量表在中国文化情景中有良好的信度和聚合效度。

表 4-1 克伦巴赫系数

| | 概念 | 变量名称 | 条目数 | 克伦巴赫系数 |
|---|---|---|---|---|
| 因变量 | 工作压力 | 焦虑 | 7 | 0.866 |
| | | 沮丧 | 7 | 0.875 |
| 自变量 | 工作要求 | 工作量要求 | 6 | 0.777 |
| | | 工作复杂性 | 3 | 0.733 |
| | 员工心理 | 学习目标导向 | 6 | 0.800 |
| | | 绩效目标导向 | 6 | 0.708 |
| | | 趋近目标导向 | 6 | 0.784 |
| | | 回避目标导向 | 6 | 0.731 |

### 4.2.2 统计方法

本章延续工作压力领域的研究传统，使用方差分析工具、采用 SPSS 软件验证研究各项假设。

单因素方差分析、多因素方差分析与回归分析是完全等价的。它们的共同之处是仅有一个因变量，不管其分组有多复杂或者进入回归的变量有多少，最后是通过一个指标上的观测值来反映其所产生的差异和变化的方差分析，首先假设不同分组是无差异的；然后计算组内变动、组间变动，分别除以对应的自由度，即均方差；最后用组间变动均方差除以组内变动均方差的统计量服从 F 分布，根据统计值对应的显著水平接受或者拒绝最初的无差异假设。方差分析操作简单，有助于集中考察高工作要求情境下的匹配缓压模式，可以集中比较不同工作与员工组合的压力水平高低，进而判断哪种组合是匹配的。

## 4.3 数据处理与假设检验

### 4.3.1 零阶相关矩阵

表 4-2 零阶相关矩阵表

| | 年龄 | 婚姻 | 职称 | 收入横比 | 工作量要求 | 工作复杂性 | 学习目标导向 | 绩效目标导向 | 趋近目标导向 | 回避目标导向 | 焦虑 | 沮丧 |
|---|---|---|---|---|---|---|---|---|---|---|---|---|
| 年龄 | 1 | | | | | | | | | | | |
| 婚姻 | 0.451** | 1 | | | | | | | | | | |
| 职称 | 0.415** | 0.319** | 1 | | | | | | | | | |
| 收入横比 | -0.041 | -0.025 | 0.194** | 1 | | | | | | | | |
| 工作量要求 | 0.151** | 0.086 | 0.204** | -0.013 | 1 | | | | | | | |
| 工作复杂性 | -0.032 | -0.049 | 0.171** | 0.090 | 0.076 | 1 | | | | | | |
| 学习目标导向 | -0.213** | -0.146** | -0.137** | -0.032 | -0.066 | 0.193** | 1 | | | | | |
| 绩效目标导向 | -0.001 | -0.036 | -0.056 | -0.102* | -0.006 | 0.102* | 0.423** | 1 | | | | |
| 趋近目标导向 | -0.101* | -0.074 | -0.064 | -0.058 | 0.018 | 0.195** | 0.664** | 0.752** | 1 | | | |
| 回避目标导向 | -0.121* | -0.111* | -0.130** | -0.073 | -0.090 | 0.105* | 0.777** | 0.656** | 0.427** | 1 | | |
| 焦虑 | -0.035 | 0.038 | 0.001 | -0.177** | 0.216** | 0.148** | 0.218** | 0.145** | 0.147** | 0.218** | 1 | |
| 沮丧 | -0.002 | 0.006 | 0.020 | -0.081 | 0.174** | 0.094* | 0.168** | 0.028 | 0.000 | 0.196** | 0.601** | 1 |

### 4.3.2 工作复杂性与成就目标导向匹配的方差分析

将工作复杂性分为高低两组，将学习目标导向、绩效目标导向、趋近目标导向、回避目标导向分为高低两组，将高工作复杂性与高绩效目标导向、高工作复杂性与高学习目标导向、高工作复杂性与高趋近目标导向、高工作复杂性与高回避目标导向组合，进行方差分析和多重比较，检验模型假设。

表 4-3 高工作复杂性与不同成就目标导向组合的焦虑均值方差分析（F=7.018***）

| 分组 | 样本量 | 均值 | 标准差 | 极小值 | 极大值 |
|---|---|---|---|---|---|
| 高工作复杂性+高趋近目标导向 | 41 | 2.1602 | 0.65402 | 1.00 | 3.43 |
| 高工作复杂性+高回避目标导向 | 40 | 2.7965 | 0.61946 | 1.57 | 4.29 |
| 高工作复杂性+高学习目标导向 | 48 | 2.5165 | 0.68713 | 1.00 | 4.00 |
| 高工作复杂性+高绩效目标导向 | 30 | 2.3737 | 0.55383 | 1.14 | 3.43 |

表 4-4 高工作复杂性与不同成就目标导向组合的焦虑均值多重比较

| | 高工作复杂性+高趋近目标导向 | 高工作复杂性+高回避目标导向 | 高工作复杂性+高学习目标导向 | 高工作复杂性+高绩效目标导向 |
|---|---|---|---|---|
| 高工作复杂性+高趋近目标导向 | 均值 2.16 | | | |
| 高工作复杂性+高回避目标导向 | *** | 均值 2.80 | | |
| 高工作复杂性+高学习目标导向 | * | * | 均值 2.52 | |
| 高工作复杂性+高绩效目标导向 | 不显著 | ** | 不显著 | 均值 2.37 |

方差分析结果显示，高工作复杂性与高趋近目标导向组合的焦虑均值最小为2.1602；多重比较显示，与“高工作复杂性+高回避目标导向”“高工作复杂性+高学习目标导向”组合的焦虑均值相比存在显著差异。

表 4-5 高工作复杂性与不同成就目标导向组合的沮丧均值方差分析（F=10.040***）

| 分组 | 样本量 | 均值 | 标准差 | 极小值 | 极大值 |
|---|---|---|---|---|---|
| 高工作复杂性+高趋近目标导向 | 41 | 1.3383 | 0.42597 | 1.00 | 3.00 |
| 高工作复杂性+高回避目标导向 | 40 | 2.0748 | 0.77836 | 1.00 | 4.00 |
| 高工作复杂性+高学习目标导向 | 48 | 1.7535 | 0.76234 | 1.00 | 4.00 |
| 高工作复杂性+高绩效目标导向 | 30 | 1.5000 | 0.40885 | 1.00 | 2.57 |

表 4–6 高工作复杂性与不同成就目标导向组合的沮丧均值多重比较

| | 高工作复杂性+高趋近目标导向 | 高工作复杂性+高回避目标导向 | 高工作复杂性+高学习目标导向 | 高工作复杂性+高绩效目标导向 |
|---|---|---|---|---|
| 高工作复杂性+高趋近目标导向 | 均值 1.34 | | | |
| 高工作复杂性+高回避目标导向 | *** | 均值 2.07 | | |
| 高工作复杂性+高学习目标导向 | ** | * | 均值 1.75 | |
| 高工作复杂性+高绩效目标导向 | 不显著 | *** | 不显著 | 均值 1.50 |

方差分析结果显示，高工作复杂性与高趋近目标导向组合的沮丧均值最小为1.3383；多重比较显示，与“高工作复杂性+高回避目标导向”“高工作复杂性+高学习目标导向”组合的沮丧均值相比存在显著差异。

两组方差分析的结果一致，高工作复杂性与高趋近目标导向组合中，员工的工作压力（含焦虑与沮丧）的均值显著低于其他分组；高工作复杂性与高回避目标导向组合、高工作复杂性与高学习目标导向组合中，员工的工作压力（含焦虑与沮丧）的均值显著高于其他分组。高工作复杂性与高绩效目标导向分组员工的压力均值居中。本章的假设 1 得到支持。

### 4.3.3 工作量要求与成就目标导向匹配的方差分析

将工作量要求分为高低两组，将学习目标导向、绩效目标导向、趋近目标导向、回避目标导向分为高低两组，将高工作量与高绩效目标导向、高工作量与高学习目标导向、高工作量与高趋近目标导向、高工作量与高回避目标导向组合，进行方差分析和多重比较，检验模型假设。

表 4–7 高工作量与不同成就目标导向组合的焦虑均值方差分析（$F=6.372^{***}$）

| 分组 | 样本量 | 均值 | 标准差 | 极小值 | 极大值 |
|---|---|---|---|---|---|
| 高工作量+高绩效目标导向 | 36 | 2.0908 | 0.58142 | 1.14 | 3.71 |
| 高工作量+高学习目标导向 | 36 | 2.6269 | 0.68595 | 1.00 | 4.00 |
| 高工作量+高趋近目标导向 | 30 | 2.4667 | 0.61098 | 1.00 | 3.43 |
| 高工作量+高回避目标导向 | 36 | 2.7281 | 0.75795 | 1.14 | 4.00 |

**表 4–8 高工作量与不同成就目标导向组合的焦虑均值多重比较**

| | 高工作量+高绩效目标导向 | 高工作量+高学习目标导向 | 高工作量+高趋近目标导向 | 高工作量+高回避目标导向 |
|---|---|---|---|---|
| 高工作量+高绩效目标导向 | 均值 2.09 | | | |
| 高工作量+高学习目标导向 | ** | 均值 2.63 | | |
| 高工作量+高趋近目标导向 | * | 不显著 | 均值 2.47 | |
| 高工作量+高回避目标导向 | *** | 不显著 | 不显著 | 均值 2.72 |

方差分析结果显示，高工作量与高绩效目标导向组合的焦虑均值最小为2.0908；多重比较显示，与“高工作量+高学习目标导向”“高工作量+高趋近目标导向”“高工作量+高回避目标导向”组合的焦虑均值相比存在显著差异。

**表 4–9 高工作量与不同成就目标导向组合的沮丧均值方差分析（F=7.803***）**

| 分组 | 样本量 | 均值 | 标准差 | 极小值 | 极大值 |
|---|---|---|---|---|---|
| 高工作量+高绩效目标导向 | 36 | 1.4214 | 0.38271 | 1.00 | 2.57 |
| 高工作量+高学习目标导向 | 36 | 2.0042 | 0.77568 | 1.00 | 4.00 |
| 高工作量+高趋近目标导向 | 30 | 1.5710 | 0.53252 | 1.00 | 2.57 |
| 高工作量+高回避目标导向 | 36 | 2.0117 | 0.76892 | 1.00 | 4.00 |

**表 4–10 高工作量与不同成就目标导向组合的沮丧均值多重比较**

| | 高工作量+高绩效目标导向 | 高工作量+高学习目标导向 | 高工作量+高趋近目标导向 | 高工作量+高回避目标导向 |
|---|---|---|---|---|
| 高工作量+高绩效目标导向 | 均值 1.42 | | | |
| 高工作量+高学习目标导向 | *** | 均值 2.00 | | |
| 高工作量+高趋近目标导向 | 不显著 | ** | 均值 1.57 | |
| 高工作量+高回避目标导向 | *** | 不显著 | ** | 均值 2.01 |

方差分析结果显示，高工作量与高绩效目标导向组合的沮丧均值最小为1.4214；多重比较显示，与“高工作量+高学习目标导向”“高工作量+高回避目标导向”组合的沮丧均值相比存在显著差异。

两组方差分析的结果一致，在高工作量要求与高绩效目标导向分组中，员工的工作压力（含焦虑与沮丧）的均值显著低于其他分组；高工作量要求与高回避目标导向分组、高工作量要求与高学习目标导向分组中，员工的工作压力（含焦虑与沮丧）的均值显著高于其他分组。高工作量要求与高趋近目标导向分组员工的压力均值居中。本章的假设 2 得到支持。

## 4.4 结果讨论

### 4.4.1 研究结论

根据数据分析结果，可得出如下结论：

本章提出并检验了工作要求与成就目标导向相匹配的缓压模型，实证研究发现：高工作复杂性与趋近目标导向匹配，与回避目标导向、学习目标导向不匹配；高工作量要求与高绩效目标导向匹配，与回避目标导向、学习目标导向不匹配；匹配则员工工作压力低、不匹配则工作压力较高。

匹配缓压模型中考虑了个体差异变量，考虑了个体差异与组织环境的匹配问题。把不同个体应对工作压力的模式纳入统一模型，在识别个体差异的基础上，采用与之相匹配的管理方式，以期达到个人需求与组织需求的兼容。这体现了组织行为学“个人与组织，工作相匹配”的理念。

### 4.4.2 实践意义

正如克里斯·阿吉里斯（2008）所言，“个人需求与组织需求的不兼容”，导致了组织中管理问题的增多。本章基于匹配性观点，尝试得出一种理想的缓压模型——“天生我才必有用，即每个人都有与之相适合的工作；三百六十行，行行有人干，即每种工作都有与之相适合的人”。换言之，尝试为不同类型的员工寻找与之匹配的工作、寻找合适的缓压策略。

从组织管理角度讲，对于具有高复杂性的工作任务和岗位，应优先考虑具有高趋近目标导向的员工，次之是高绩效目标导向的员工，不应选用高回避导向的员工；对于高工作量要求的工作任务和岗位，应优先考虑具有高绩效目标导向的员工，次之是高趋近目标导向的员工，不应选用高回避导向的员工。

从员工角度出发，高趋近目标导向员工应选择高复杂性的工作而不是高工作量要求的工作，而高绩效目标导向员工应选择高工作量要求的工作而不是高复杂性的工作。高回避导向的员工应积极参与心理定向讲座和工作坊，或采取其他措施积极改变。

# 5 情绪宣泄的缓压效应研究

采用情绪宣泄的方式来缓解压力的建议常见于各类媒体，然而情绪宣泄的缓压效果如何却尚未得到规范的检验。本章从压力应对视角出发，探讨情绪宣泄是否有助于缓解工作压力，并提出研究假设；基于两家单位的177份有效样本，分别采用横截面研究设计、纵贯研究设计检验情绪宣泄的缓压效果。研究一致显示，改变工作以宣泄情绪、交谈以宣泄情绪均无助于缓解工作压力；在解释实证结果的基础上，建议慎用情绪宣泄的缓压策略。

## 5.1 模型和研究假设提出

### 5.1.1 压力应对策略

应对方式是指人们对付内外环境要求及其有关的情绪困扰而采用的方法、手段或策略。根据Lazarus（1993）与Leiter的研究，个体的压力应对策略有多种分类。

积极策略（Active Coping），指员工在压力情景中尽可能多、尽可能快地寻找解决办法，以便采取有效行动。消极策略（Avoidance Coping），指员工在面对压力时会尽可能多、尽可能长时间地回避问题，主观上不去想这个情景。Jex等（2001）发现，采取积极应对方式的员工，高自我效能作为调节变量削弱角色清晰性与压力间的正向关系；采取消极应对方式的员工，低工作负荷条件下，自我效能感与压力负相关。

问题导向策略（Problem-focused Coping），指员工通过提升能力、改变外界环境从而使压力得到缓解；情感导向策略（Emotion-focused Coping），指员工通过改变自己对正在发生事情的关注或解释来缓解压力。如 Shin（2014）采用 9729 份大样本展开实证研究，发现问题导向的应对策略与职业倦怠负相关，情感导向的应对方式与职业倦怠正相关。国内研究方面，肖计划等根据 Lazarus 与 Folkman 的研究编制了应对方式量表，共 62 道题目，包括解决问题、求助、幻想、自责、退避和合理化 6 个维度，成为后续研究者普遍采用的量表。

早期研究普遍认为，积极应对策略、问题导向应对策略更为有效；但随着研究深入，学者们得出了不尽一致的结论。当压力情景无法改变时，关注个体的情绪才是最有效的方法。最典型的例子是，在人质劫持事件中，人质发现自己根本无法采取任何有效行动，这时采用问题导向应对策略的人质要比那些调整自己情感的人质体验更高的压力。

国外研究发现，情绪宣泄是员工经常采用的压力应对策略。Daniels 及其同事（2009）将情感宣泄细分为“改变工作活动以宣泄情绪”（Changing Aspects of Work Activities to Express Affect）和“与他人交谈以宣泄情绪”（Talking to Others to Express Affect）两个方面，采用 3 个大型组织、15 个中小型企业的员工样本，发现“改变工作活动以宣泄情绪”“与他人交谈以宣泄情绪”与工作要求的相关性高达 0.52 和 0.49。这表明，在面对压力时，员工的情绪宣泄是其自觉或不自觉采取的重要应对策略。

国内研究亦有类似的发现，情绪宣泄是人们经常采用的压力应对策略之一。郑有珠（2003）对福建 10 所学校 240 名教师的压力应对策略使用情况进行调查研究，常用的十种压力应对策略，即积极评价、幻想、情绪宣泄、计划解决、回避、自我调控、寻求支持、忍耐、接受责任和忽视，在不同情境中的应用情况存在差异。相对于其他压力情景，情绪宣泄策略在升学考试压力情境、工作负担压力情境、职业聘任压力情境更可能得以应用。王卫平等（2012）以山西省 500 名大学生村官为样本，实证研究发现：个体感受过度压力时，往往减少成熟应对方式的使用，倾向于采用更多的消极应对方式。王颖等（2015）也发现，当个体感知压力水平超出了自身的应对能力时，倾向于采用规避压力的方式，员工经常地“自发”地使用的情绪应对策略，如不涉他人的情绪宣泄（如改变工作活动）、人际间的情绪宣泄（如向他人谈话倾诉）能否真正地缓解压力？仍存在争议和空白，有待进一步研究。

### 5.1.2 情绪宣泄的缓压作用

宣泄即释放不良情绪的过程，即通过减少或排除不良情绪而解决问题。换言之，情绪宣泄可能是基于生理、心理需要而进行的情绪释放或表达，包括直接表达和替代表达两种。直接表达指对激发不良情绪的事物，直接表达自己情绪；替代表达则指通过向非激发情绪的事物表达情绪，间接释放情绪。例如，通过倾诉、哭泣等方式可以宣泄不快，从而使个体恢复平静。

与发泄理论的逻辑相似——个体通过攻击性行为表达愤怒可以有效地将愤怒与敌意排出体外，从而降低个体内心的紧张感体验和随后的攻击驱力，心理治疗领域的专家认为，负面事件激起的不良情绪，可以通过宣泄得以排解、升华或者转移。张辰（2004）曾提出一种“精神宣泄疗法”，主要的做法是创造一种环境让个体被压抑的情感自由顺畅地表达出来，让不良情绪发泄出来才能使个体恢复理智状态、达到心理平衡。张辰还主张，管理者应该倾听员工的抱怨、牢骚，让他们把不满的情绪发泄出来，更有助于管理。

情绪宣泄之所以得到大众普遍的认可，还因为人们通常在情绪发泄之后感觉更舒适。罗辉辉与孙飞（2008）对此问题进行了大规模的调查，对湖南、广西、上海、山东、甘肃五省份采取随机抽样的方法获取有效问卷 1437 份，他们发现找人倾诉是居民经常选用的一种宣泄方式（在被调查者人群中占到 47.6%）。情绪不稳定的时候，找人倾诉，具有缓和、抚慰的作用。因此，他们建议员工应建立人际支持网络，在需要的时候，有人倾诉。调查中，罗辉辉与孙飞还发现，现实中情绪宣泄的方法有很多，从小小的一声叹气，到大声痛哭、疾呼、怒吼以及打球、散步、聊天等都可以起到宣泄作用。不同的宣泄方法适用于不同的不良情绪、不同的场合，所以人们在选用宣泄方法时因情而异、因时因地而异。

### 5.1.3 情绪宣泄能否缓压的争议

情绪宣泄是否具有缓压作用？在对这个问题的讨论中，研究者形成了两个派别。一些学者以精神分析学派为基础，支持情绪宣泄有助于缓解压力的观点；另一些学者以社会认知论、认知新联想理论为基础，认为情绪宣泄无助于缓解压力。

根据弗洛伊德的精神分析学说，生活中的负面事件常常会导致个体产生某种愤怒等不良情绪，而愤怒一般不会平息，只有通过某种形式的攻击行为才能得到排解、升华或者转移——这实际上是情绪宣泄的一种方式。宣泄作为将愤怒情绪表达出来的一种方式可以使个体已有的敌意得到释放，从而减少其随后的攻击性。精神分析流派的液压模型认为，挫折会导致愤怒，愤怒在个体体内积累，会产生压力，因而必须以某种方式得到释放；如果愤怒一直累积，则将导致身心疾病。

基于这种理解，大量的报纸、杂志、书籍都鼓励人们寻找合适的方式发泄他们的愤怒，如打枕头、打沙袋、拧毛巾、用泡沫棒击打沙发、扔飞盘、踢易拉罐、尖叫等。心理治疗领域，Vives（2011）采取了类似使紧张肌肉放松的做法，通过一些形式让患者发泄自己内心不良的消极情绪，并发现部分患者的心理症状会得到一定程度的缓解。国内学者徐宏飞（2013）对愤怒情绪的发泄展开实验研究，研究发现：言语方式的情绪宣泄能够有效降低个体的敌意和攻击性水平;受到激怒的个体在言语方式的情绪宣泄后能够有效缓解内心的焦虑水平。罗辉辉与孙飞（2010）通过大规模调研发现，宣泄对居民的心理健康有积极的作用。他们认为，适当的宣泄情绪，对人的精神健康具有保健作用。找人倾诉，说出烦恼和苦闷，将情绪通过语言的形式释放出来，具有稳定、缓和情绪的效果。因此，人们应当积极发展一种亲密的人际关系，致力于发展、保持和拓展个人的社会支持网络。根据班杜拉（2001）的社会认知论认为，情绪宣泄行为是可以从外界习得的，发泄过程中个体体验到的力量、兴奋和愉悦等感受强化了发泄中的攻击行为，因此社会学习理论认为发泄后个体的愤怒并不会减少，而其攻击性行为却有可能会增加。班杜拉提出，个体一旦习得攻击性行为，就必须采取有效进行抑制，而不应鼓励；他甚至要求停止有关发泄理论的宣传和应用。

认知新联想理论也持类似观点。Berkowitz（2003）认为，生活中的消极事件会引发人们产生负面情绪，产生攻击性行为，而与攻击有关的思维和记忆等是相连的，形成联结的网络，一旦攻击思维得到加工或者激活，与之相关的概念也会沿着联结的网络传播和激活。这个联结的网络不仅仅和记忆中的攻击性思维连在一起，也和相应的情绪反应及行为倾向联系在一起。因此，发泄激活攻击性思维，并引起一个由记忆、情绪以及攻击性行为冲动组成的复杂联结，从而增加而不是降低个体的愤怒感受和攻击性水平。Wilkowski 和 Robinson（2010）进一步将认知新联想理论扩展更为复杂的环境中，提出综合认知模型。该模型提出，对消极情绪的诱因以及相关的加工会使人们有选择地持续注意敌意的诱因，从而增加个体的愤怒和敌意体验，放大了愤怒和攻击性的可能，这与情绪宣泄能降低不良情绪体验的观点是截然相反的。

实验研究方面，Lohr 等（2002）发现，发泄所带来的情绪改善也仅仅只是短暂的，它不会导致个体攻击性的减少而是增多。采用问卷调查法，Daniels 及其同事（2009，2013）检验了员工情绪宣泄的缓压效果，发现“改变工作活动以宣泄情绪”和“与他人交谈以宣泄情绪”与当期的焦虑情感呈显著正相关关系，即增加压力体验，而与滞后期的焦虑情感既有正相关也有负相关，即缓压效应不确定；员工情绪宣泄与当期的疲劳感、认知失败等压力指标无关，而与滞后期的疲劳感呈显著负相关，即具有一定的缓压效应。

理论研究对于“情绪宣泄是否具有缓压作用”仍存在争议，实证研究对于“情绪宣泄是否有助于缓压”亦存在矛盾性证据，情绪宣泄的缓压效应有待进一步的实证检验。

鉴于此，本章提出中介效应假设，即假设高工作要求会引发员工更多地采用情绪宣泄策略，而情绪宣泄策略会进一步缓解工作压力（见图 5-1）。假设表述如下：情绪宣泄中介了工作问题与工作压力之间的关系，且工作要求正向影响情绪宣泄，情绪宣泄负向影响工作压力。

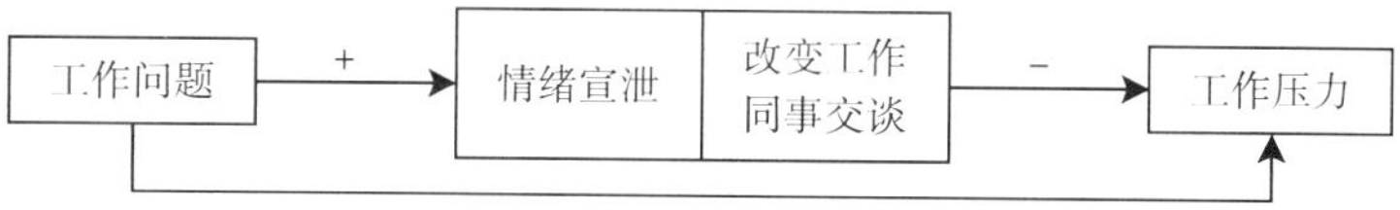


**图 5-1 研究模型**

## 5.2 研究方法与实证设计

### 5.2.1 研究方法概述

本章采用了问卷调查法，相对于观察法和实验法而言，问卷调查法可以节省大量的时间和财力；网络社交媒体日益发达的时代，问卷调查的范围也大大扩展、不受时空局限，研究人员可以通过邮件或在线传输的形式发放和回收。

本章研究采用了横截面研究和纵贯研究相结合的研究设计。横截面研究（Cross-sectional Study）一般通过一份问卷，在同一时间针对同一研究对象收集自变量和因变量数据，并基于此数据进行统计分析检验假设。纵贯研究设计（Longitudinal Study）指在不同时间、针对同一研究对象发放调查问卷，收集跨时间数据，并基于此数据进行统计分析与假设检验。一般而言，横截面数据的采集相对容易，成本较低；纵贯数据的采集相对较复杂，成本较高。

一项研究采用何种研究设计，选择横截面研究设计或是纵贯研究设计应根据研究目的和研究假设决定。本章认为，要全面考察情绪宣泄是否具有缓压作用，至少要检验两个问题——既要检验情绪宣泄在短期内的缓压作用，又要检验情绪宣泄的长期缓压效应。鉴于此，本章采用横截面研究设计考察情绪宣泄的即时效应，采用间隔 3 个月的纵贯数据来考察情绪宣泄的长期效应。

### 5.2.2 研究样本

本章选取西安两个研究所的工程师为研究样本，主要考虑：在创新型国家、创新型社会建设过程中，国有研究所承担着大量战略性创新课题，这些压力必然传导至员工层面，由此推断工程师面临着相对更高的工作压力。另外，本章集中考察工作较为复杂的工程师人员，区别于以往工作压力研究中从事常规性、程序性工作的工人、护士等，有助于丰富工作压力研究的职业范围。

由于采用了“横截面+纵贯研究设计”，问卷发放进行了两次。第一次发放问卷 270 份，回收 223 份，回收率为 82.6%（称时间点 1 问卷）；3 个月之后进行第二次问卷发放。第二次发放问卷 270 份，回收 206 份，回收率为 76.1%（称时间点 2 问卷）。因属匿名问卷，两次问卷按电话号码后四位一一对应，并剔除无效问卷后，剩余 177 份有效样本。如表 5-1 所示，在有效匹配的 177 份样本中，包括 115 名男性（64.9%）和 62 名女性（35.1%），受访者的年龄范围很广，从 22 岁到 57 岁；职称覆盖初级职称到高级职称。

**表 5-1 样本情况**

| 变量 | 最小值 | 最大值 | 均值 | 标准差 |
|---|---|---|---|---|
| 性别 | 1.00 | 2.00 | 1.27 | 0.421 |
| 年龄 | 22.00 | 57.00 | 33.09 | 6.832 |
| 婚姻 | 1.00 | 2.00 | 1.73 | 0.429 |
| 职称 | 1.00 | 5.00 | 2.86 | 0.967 |
| 收入 | 1.00 | 5.00 | 1.71 | 0.860 |

注：性别：1=男，2=女；婚姻：1=未婚，2=已婚，3=其他；职称：1=无职称，2=初级职称，3=中级职称，4=副高级职称，5=正高级职称；收入：1=远低于行业一般水平，2=略低于行业一般水平，3=基本持平，4=略高于行业一般水平，5=远高于行业一般水平。

### 5.2.3 变量测量

根据 Farh 等（2006）的建议，本章选用发表在国际一流学术期刊上的焦虑、沮丧、情绪宣泄、工作问题量表，并且根据 Nunnully（1970）的建议，对这些外文量表进行了双向翻译。量表题项如表 5-2、表 5-3 所示。

**表 5-2 工作压力量表**

| 请在右边的相应空格内打“√”，选择最符合实际的频次 | 从不 | 偶尔 | 一般 | 经常 | 一直 |
|---|---|---|---|---|---|
| 焦虑 | | | | | |
| 1. 你感到无法战胜困难吗？ | | | | | |
| 2. 你经常感觉到压力吗？ | | | | | |
| 3. 你由于担心而影响睡眠/失眠吗？ | | | | | |
| 沮丧 | | | | | |
| 1. 你完全失去信心，感到非常沮丧吗？ | | | | | |
| 2. 你认为自己是个毫无价值的人吗？ | | | | | |
| 3. 你会因为精神过度紧张而不能面对任何问题吗？ | | | | | |

基于 Warr 的研究，本书将工作压力感分为焦虑与沮丧两类，焦虑是消极情绪，且心理激起程度较高；沮丧亦属于消极情绪，但心理激起程度较低。采用多个因变量进行回归分析，有助于考察统计结果的稳健性。

**表 5-3　情绪宣泄量表**

| 请在右边的相应空格内打“√”，选择最符合实际的频次 | 从不 | 偶尔 | 一般 | 经常 | 一直 |
|---|---|---|---|---|---|
| 情绪宣泄— 改变工作 | | | | | |
| 1. 最近两个月内，你有因宣泄压力情感而改变工作目标、任务吗? | | | | | |
| 2. 最近两个月内，你有因宣泄压力情感而改变工作方式吗? | | | | | |
| 情绪宣泄——同事交谈 | | | | | |
| 1. 最近两个月内，你有因宣泄压力情感而在工作中与他人交流吗? | | | | | |
| 2. 最近两个月内，你有因宣泄压力情感而向他人倾诉问题吗? | | | | | |

根据罗辉辉与孙飞在国内调研结果，本章选择国内民众经常采用的情绪宣泄方式，并参考 Daniels 及其同事（2009，2013）研究中采用的量表，着重考察改变工作和与同事交谈两种情绪宣泄方式。

工作问题量表仅有一个题项，即“最近两个月内，工作中需处理的没有解决的或者没有答案的问题频次?”

对以上各量表进行信效度检验。首先，计算各量表的克伦巴赫系数，结果如表 5-4 所示，均大于通常的临界值 0.7，这表示量表在中国文化情景中有良好的信度。

**表 5-4　克伦巴赫系数**

| 概念 | 变量名称 | 条目数 | 克伦巴赫系数（T1） |
|---|---|---|---|
| 工作压力 | 焦虑 | 3 | 0.732 |
| | 沮丧 | 3 | 0.815 |
| 情绪宣泄 | 改变工作 | 2 | 0.889 |
| | 同事交谈 | 2 | 0.880 |

然后，采用因子分析技术检验量表的区分效度。因子分析法可以以较少的几个因子反映原始资料的大部分信息，经过旋转明确每个主因子含义。因子分析结果如表 5-5 所示，情绪宣泄各题项载荷在一个因子之上，沮丧各题项载荷在一个因子之上，焦虑主要载荷在一个因子之上，显示量表间具有较好的区分效度。

**表 5-5 因子分析结果**

| 量表题项 | 因子 1 | 因子 2 | 因子 3 |
| --- | --- | --- | --- |
| 情绪宣泄——改变工作 1 | | 0.698 | |
| 情绪宣泄——改变工作 2 | | 0.756 | |
| 情绪宣泄——同事交谈 1 | | 0.820 | |
| 情绪宣泄——同事交谈 2 | | 0.884 | |
| 焦虑 1 | 0.597 | | |
| 焦虑 2 | | | 0.861 |
| 焦虑 3 | | | 0.841 |
| 沮丧 1 | 0.827 | | |
| 沮丧 2 | 0.722 | | |
| 沮丧 3 | 0.824 | | |

问卷除量表之外，还对样本的性别、年龄、婚姻、职称、收入（横向比较）等一系列情况进行了调查，并将其纳入回归方程、作为研究的控制变量：年龄、婚姻作为社会家庭方面的压力源；结合中国实际实情，将职称作为教育培训和工作经验方面的控制变量；个人收入作为经济方面的压力源。在回归方程中区分上述因素对员工压力感的影响效应，有助于集中考察工作问题所导致的工作压力，检验情绪宣泄的中介作用。

## 5.3 数据处理和假设检验

数据分析环节，首先进行相关分析，展示数据间的基本相关关系；然后采用横截面数据检验情绪宣泄的即时缓压作用；最后采用纵贯数据检验情绪宣泄的长期缓压作用。

## 5.3.1 零阶相关矩阵

表 5-6 零阶相关矩阵

| | 性别 | 年龄 | 婚姻 | 职称 | 收入 | 工作问题$_{T1}$ | 工作问题$_{T2}$ | 情绪宣泄改变工作$_{T1}$ | 情绪宣泄改变工作$_{T2}$ | 情绪宣泄同事交谈$_{T1}$ | 情绪宣泄同事交谈$_{T2}$ | 焦虑$_{T1}$ | 焦虑$_{T2}$ | 沮丧$_{T1}$ | 沮丧$_{T2}$ |
|---|---|---|---|---|---|---|---|---|---|---|---|---|---|---|---|
| 性别 | 1 | | | | | | | | | | | | | | |
| 年龄 | 0.152$^{*}$ | 1 | | | | | | | | | | | | | |
| 婚姻 | 0.01 | 0.553$^{**}$ | 1 | | | | | | | | | | | | |
| 职称 | 0.076 | 0.816$^{**}$ | 0.612$^{**}$ | 1 | | | | | | | | | | | |
| 收入 | 0.069 | −0.274$^{**}$ | −0.335$^{**}$ | −0.355$^{**}$ | 1 | | | | | | | | | | |
| 工作问题$_{T1}$ | −0.081 | 0.048 | 0.007 | 0.047 | −0.113 | 1 | | | | | | | | | |
| 工作问题$_{T2}$ | −0.063 | 0.082 | 0.095 | 0.093 | 0.008 | 0.346$^{**}$ | 1 | | | | | | | | |
| 情绪宣泄改变工作$_{T1}$ | −0.057 | −0.05 | 0.01 | −0.071 | −0.073 | 0.349$^{**}$ | 0.062 | 1 | | | | | | | |
| 情绪宣泄改变工作$_{T2}$ | −0.036 | −0.02 | −0.046 | −0.014 | 0.03 | 0.193$^{*}$ | 0.285$^{**}$ | 0.200$^{**}$ | 1 | | | | | | |
| 情绪宣泄同事交谈$_{T1}$ | 0.07 | 0.071 | 0.006 | 0.001 | −0.083 | 0.254$^{**}$ | 0.039 | 0.399$^{**}$ | 0.217$^{**}$ | 1 | | | | | |
| 情绪宣泄同事交谈$_{T2}$ | 0.078 | −0.03 | 0.017 | −0.013 | −0.067 | 0.159$^{*}$ | 0.222$^{**}$ | 0.147 | 0.540$^{**}$ | 0.332$^{**}$ | 1 | | | | |
| 焦虑$_{T1}$ | 0.08 | 0.206$^{**}$ | 0.174$^{*}$ | 0.239$^{**}$ | −0.095 | 0.217$^{**}$ | 0.267$^{**}$ | 0.134 | 0.217$^{**}$ | 0.195$^{**}$ | 0.138 | 1 | | | |
| 焦虑$_{T2}$ | −0.046 | 0.056 | 0.091 | 0.084 | −0.109 | 0.248$^{**}$ | 0.283$^{**}$ | 0.175$^{*}$ | 0.408$^{**}$ | 0.065 | 0.292$^{**}$ | 0.506$^{**}$ | 1 | | |
| 沮丧$_{T1}$ | −0.037 | 0.027 | 0.115 | 0.088 | −0.08 | 0.086 | 0.134 | 0.287$^{**}$ | 0.265$^{**}$ | 0.145 | 0.183$^{*}$ | 0.426$^{**}$ | 0.312$^{**}$ | 1 | |
| 沮丧$_{T2}$ | −0.148$^{*}$ | −0.02 | 0.068 | −0.033 | −0.098 | 0.186$^{*}$ | 0.155$^{*}$ | 0.201$^{**}$ | 0.383$^{**}$ | 0.082 | 0.230$^{**}$ | 0.183$^{*}$ | 0.536$^{**}$ | 0.370$^{**}$ | 1 |

注：* 表示 $p < 0.05$，** 表示 $p < 0.01$，*** 表示 $p < 0.001$，T1 代表时间点 1 采集的数据，T2 代表时间点 2 采集的数据，下表同。

## 5.3.2 情绪宣泄的缓压作用检验——横截面研究

为了检验情绪宣泄的缓压作用，本章采用了中介模型：首先，检验工作问题与工作压力即焦虑、沮丧间的正向关系；其次，检验工作问题与情绪宣泄即改变工作、同事交谈间的正向关系；最后，检验情绪宣泄对工作压力的负向影响。按照温忠麟等建议，通过两次回归分析来检验上述中介模型。

当知识型员工面对工作难题、感到压力时，改变工作这一情绪宣泄方式是否能即时缓解员工的焦虑、沮丧？表 5-7 和表 5-8 进行了实证检验。

表 5-7a 工作问题—情绪宣泄（改变工作）—工作压力（焦虑）

| 因变量 | 情绪宣泄（改变工作） | 模型 1 | 模型 2 |
|---|---|---|---|
| 第一步 | 常数 | | |
| | 性别 | -0.048 | -0.019 |
| | 年龄 | 0.067 | 0.058 |
| | 婚姻 | 0.013 | 0.024 |
| | 职称 | -0.141 | -0.162 |
| | 收入 | -0.053 | -0.052 |
| 第二步 | 工作问题 | | 0.319*** |
| | $R^2$ | 0.010 | 0.110*** |
| | $\Delta R^2$ | 0.010 | 0.100*** |

表 5-7b 工作问题—情绪宣泄（改变工作）—工作压力（焦虑）

| 因变量 | 工作压力（焦虑） | 模型 1 | 模型 2 | 模型 3 |
|---|---|---|---|---|
| 第一步 | 常数 | | | |
| | 性别 | 0.011 | 0.033 | 0.037 |
| | 年龄 | -0.024 | -0.031 | 0.724 |
| | 婚姻 | 0.061 | 0.069 | 0.064 |
| | 职称 | 0.144 | 0.129 | 0.164 |
| | 收入 | -0.017 | -0.017 | -0.005 |
| 第二步 | 工作问题 | | 0.241* | 0.171* |
| 第三步 | 情绪宣泄（改变工作） | | | 0.220*** |
| | $R^2$ | 0.032* | 0.089*** | 0.132*** |
| | $\Delta R^2$ | 0.032* | 0.057*** | 0.043*** |

回归结果显示，改变工作这一情绪宣泄方式在工作问题与焦虑的正向关系中起到了部分中介作用，但是，改变工作这一宣泄方式与焦虑存在正向关系，即不具有缓压作用。

**表 5-8a　工作问题—情绪宣泄（改变工作）—工作压力（沮丧）**

| 因变量 | 情绪宣泄（改变工作） | 模型 1 | 模型 2 |
|---|---|---|---|
| 第一步 | 常数 | | |
| | 性别 | -0.048 | -0.019 |
| | 年龄 | 0.067 | 0.058 |
| | 婚姻 | 0.013 | 0.024 |
| | 职称 | -0.141 | -0.162 |
| | 收入 | -0.053 | -0.052 |
| 第二步 | 工作问题 | | 0.319*** |
| | $R^2$ | 0.010 | 0.110*** |
| | $\Delta R^2$ | 0.010 | 0.100*** |

**表 5-8b　工作问题—情绪宣泄（改变工作）—工作压力（沮丧）**

| 因变量 | 工作压力（沮丧） | 模型 1 | 模型 2 | 模型 3 |
|---|---|---|---|---|
| 第一步 | 常数 | | | |
| | 性别 | -0.071 | -0.061 | -0.054 |
| | 年龄 | -0.060 | -0.063 | -0.082 |
| | 婚姻 | 0.108 | 0.112 | 0.104 |
| | 职称 | 0.004 | -0.012 | 0.042 |
| | 收入 | -0.037 | -0.036 | -0.019 |
| 第二步 | 工作问题 | | 0.114* | 0.009 |
| 第三步 | 情绪宣泄（改变工作） | | | 0.330*** |
| | $R^2$ | 0.018 | 0.030 | 0.127*** |
| | $\Delta R^2$ | 0.018 | 0.013* | 0.097*** |

回归结果显示，改变工作这一情绪宣泄方式在工作问题与沮丧的正向关系中起到了完全中介作用；但是，改变工作这一宣泄方式与沮丧存在正向关系，即不具有缓压作用。

当知识型员工面对工作难题、感到压力时，与同事交谈这一情绪宣泄方式是否能即时缓解员工的焦虑、沮丧？表 5-9 和表 5-10 进行了实证检验。

**表 5-9a 工作问题—情绪宣泄（同事交谈）—工作压力（焦虑）**

| 因变量 | 情绪宣泄（同事交谈） | 模型 1 | 模型 2 |
|---|---|---|---|
| 第一步 | 常数 | | |
| | 性别 | 0.051 | 0.074 |
| | 年龄 | 0.107 | 0.100 |
| | 婚姻 | -0.017 | -0.008 |
| | 职称 | -0.112 | -0.128 |
| | 收入 | -0.070 | -0.069 |
| 第二步 | 工作问题 | | 0.248*** |
| | $R^2$ | 0.011 | 0.071*** |
| | $\Delta R^2$ | 0.011 | 0.061*** |

**表 5-9b 工作问题—情绪宣泄（同事交谈）—工作压力（焦虑）**

| 因变量 | 工作压力（焦虑） | 模型 1 | 模型 2 | 模型 3 |
|---|---|---|---|---|
| 第一步 | 常数 | | | |
| | 性别 | 0.011 | 0.033 | 0.018 |
| | 年龄 | -0.024 | -0.031 | -0.050 |
| | 婚姻 | 0.061 | 0.069 | 0.071 |
| | 职称 | 0.144 | 0.129 | 0.154 |
| | 收入 | -0.017 | -0.017 | -0.003 |
| 第二步 | 工作问题 | | 0.241*** | 0.192** |
| 第三步 | 情绪宣泄（同事交谈） | | | 0.197*** |
| | R2 | 0.032* | 0.089*** | 0.125*** |
| | $\Delta R^2$ | 0.032* | 0.057*** | 0.036*** |

回归结果显示，同事交谈这一情绪宣泄方式在工作问题与焦虑的正向关系中起到了部分中介作用；但是，同事交谈这一宣泄方式与焦虑存在正向关系，即不具有缓压作用。

表 5-10a　工作问题—情绪宣泄（同事交谈）—工作压力（沮丧）

| 因变量 | 情绪宣泄（同事交谈） | 模型 1 | 模型 2 |
|---|---|---|---|
| 第一步 | 常数 | | |
| | 性别 | 0.051 | 0.074 |
| | 年龄 | 0.107 | 0.100 |
| | 婚姻 | –0.017 | –0.008 |
| | 职称 | –0.112 | –0.128 |
| | 收入 | –0.070 | –0.069 |
| 第二步 | 工作问题 | | 0.248*** |
| | $R^2$ | 0.011 | 0.071*** |
| | $\Delta R^2$ | 0.011 | 0.061*** |

表 5-10b　工作问题—情绪宣泄（同事交谈）—工作压力（沮丧）

| 因变量 | 工作压力（沮丧） | 模型 1 | 模型 2 | 模型 3 |
|---|---|---|---|---|
| 第一步 | 常数 | | | |
| | 性别 | –0.071 | –0.061 | –0.074 |
| | 年龄 | –0.060 | –0.063 | –0.081 |
| | 婚姻 | 0.108 | 0.112 | 0.113 |
| | 职称 | 0.004 | –0.012 | 0.011 |
| | 收入 | –0.037 | –0.036 | –0.024 |
| 第二步 | 工作问题 | | 0.114* | 0.070 |
| 第三步 | 情绪宣泄（同事交谈） | | | 0.176* |
| | $R^2$ | 0.018 | 0.030 | 0.059* |
| | $\Delta R^2$ | 0.018 | 0.013* | 0.029* |

回归结果显示，同事交谈这一情绪宣泄方式在工作问题与沮丧的正向关系中起到了完全中介作用；但是，同事交谈这一宣泄方式与沮丧存在正向关系，即不具有缓压作用。

进一步地，将改变工作、同事交谈两个量表合并，采用横截面数据检验情绪宣泄的即时缓压作用，增强统计结果的稳健性。

回归分析显示：工作问题对焦虑存在正向影响（系数为 0.241，$P<0.001$；$R^2$ 为 0.089，$P<0.001$），加入变量情绪宣泄后回归方程解释力显著增加（系数为

0.250，P<0.001；$R^2$ 为 0.144，P<0.001)，且工作问题对焦虑的正向影响降低（系数 0.158)，说明情绪宣泄起到了部分中介作用，但情绪宣泄对焦虑的回归系数为正，不具有缓压作用。

回归分析显示，工作问题对沮丧存在正向影响（系数为 0.114，P<0.05；$R^2$ 为 0.030)，加入变量情绪宣泄后回归方程解释力显著增加（系数为 0.299，P<0.001；$R^2$ 为 0.109，P<0.001)，且工作问题对沮丧的正向影响变为不显著，说明情绪宣泄起到了完全中介作用，但情绪宣泄对沮丧的回归系数为正，不具有缓压作用。

### 5.3.3 情绪宣泄的缓压作用检验—纵贯研究

尽管基于横截面数据的统计结果显示，情绪宣泄不具有即时的缓压作用；但情绪宣泄有无延时的、长期的缓压作用，仍需进一步实证检验。首先，检验 T1 工作问题与 T2 工作压力即焦虑、沮丧间的正向关系；其次，将 T1 与 T2 的情绪宣泄均值纳入回归模型，检验情绪宣泄的中介作用；最后，观察情绪宣泄对工作压力是否具有显著的负向影响。

当知识型员工面对工作难题、感到压力时，改变工作这一情绪宣泄方式是否具有延时的缓压作用？表 5-11 和表 5-12 进行了实证检验。

**表 5-11a 工作问题—情绪宣泄（改变工作）—工作压力（焦虑）**

| 因变量 | 情绪宣泄（改变工作） | 模型 1 | 模型 2 |
|---|---|---|---|
| 第一步 | 常数 | | |
| | 性别 | −0.053 | −0.024 |
| | 年龄 | 0.014 | −0.010 |
| | 婚姻 | 0.003 | 0.026 |
| | 职称 | −0.080 | −0.079 |
| | 收入 | −0.047 | −0.009 |
| 第二步 | 工作问题 $_{T1}$ | | $0.350^{***}$ |
| | $R^2$ | 0.008 | $0.128^{**}$ |
| | $\Delta R^2$ | 0.008 | $0.120^{***}$ |

表 5-11b　工作问题—情绪宣泄（改变工作）—工作压力（焦虑）

| 因变量 | 工作压力（焦虑）$_{T2}$ | 模型 1 | 模型 2 | 模型 3 |
|---|---|---|---|---|
| 第一步 | 常数 | | | |
| | 性别 | -0.040 | -0.020 | -0.012 |
| | 年龄 | -0.033 | -0.049 | -0.046 |
| | 婚姻 | 0.049 | 0.065 | 0.056 |
| | 职称 | 0.056 | 0.057 | 0.083 |
| | 收入 | -0.079 | -0.052 | -0.049 |
| 第二步 | 工作问题 $_{T1}$ | | 0.239* | 0.112 |
| 第三步 | 情绪宣泄（改变工作） | | | 0.336*** |
| | $R^2$ | 0.018 | 0.074* | 0.172*** |
| | $\Delta R^2$ | 0.018 | 0.056* | 0.099*** |

基于纵贯数据的回归分析显示，改变工作这一情绪宣泄方式在工作问题与焦虑的正向关系中起到了完全中介作用；但是，改变工作这一宣泄方式与焦虑存在正向关系，即不具有缓压作用。

表 5-12a　工作问题—情绪宣泄（改变工作）—工作压力（沮丧）

| 因变量 | 情绪宣泄（改变工作） | 模型 1 | 模型 2 |
|---|---|---|---|
| 第一步 | 常数 | | |
| | 性别 | -0.053 | -0.024 |
| | 年龄 | 0.014 | -0.010 |
| | 婚姻 | 0.003 | 0.026 |
| | 职称 | -0.080 | -0.079 |
| | 收入 | -0.047 | -0.009 |
| 第二步 | 工作问题 $_{T1}$ | | 0.350*** |
| | $R^2$ | 0.008 | 0.128** |
| | $\Delta R^2$ | 0.008 | 0.120*** |

**表 5-12b 工作问题—情绪宣泄（改变工作）—工作压力（沮丧）**

| 因变量 | 工作压力（沮丧）$_{T2}$ | 模型 1 | 模型 2 | 模型 3 |
|---|---|---|---|---|
| 第一步 | 常数 | | | |
| | 性别 | −0.136 | −0.122 | −0.114 |
| | 年龄 | 0.035 | 0.023 | 0.026 |
| | 婚姻 | 0.112 | 0.123 | 0.114 |
| | 职称 | −0.153 | −0.153 | −0.125 |
| | 收入 | −0.096 | −0.077 | −0.074 |
| 第二步 | 工作问题 $_{T1}$ | | 0.172* | 0.050 |
| 第三步 | 情绪宣泄（改变工作） | | | 0.348*** |
| | $R^2$ | 0.042 | 0.071* | 0.176** |
| | $\Delta R^2$ | 0.042 | 0.029* | 0.105*** |

基于纵贯数据的回归分析显示，改变工作这一情绪宣泄方式在工作问题与沮丧的正向关系中起到了完全中介作用；但是，改变工作这一宣泄方式与沮丧存在正向关系，即不具有缓压作用。

当知识型员工面对工作难题、感到压力时，与同事交谈这一情绪宣泄方式是否具有延时的缓压作用？表 5-13 和表 5-14 进行了实证检验。

**表 5-13a 工作问题—情绪宣泄（同事交谈）—工作压力（焦虑）**

| 因变量 | 情绪宣泄（同事交谈） | 模型 1 | 模型 2 |
|---|---|---|---|
| 第一步 | 常数 | | |
| | 性别 | 0.096 | 0.117 |
| | 年龄 | 0.076 | 0.058 |
| | 婚姻 | 0.006 | 0.023 |
| | 职称 | −0.122 | −0.121 |
| | 收入 | −0.119 | −0.090 |
| 第二步 | 工作问题 $_{T1}$ | | 0.256** |
| | $R^2$ | 0.023 | 0.087* |
| | $\Delta R^2$ | 0.023 | 0.064** |

表 5-13b　工作问题—情绪宣泄（同事交谈）—工作压力（焦虑）

| 因变量 | 工作压力（焦虑）$_{T2}$ | 模型 1 | 模型 2 | 模型 3 |
|---|---|---|---|---|
| 第一步 | 常数 | | | |
| | 性别 | −0.040 | −0.020 | −0.040 |
| | 年龄 | −0.033 | −0.049 | −0.059 |
| | 婚姻 | 0.049 | 0.065 | 0.061 |
| | 职称 | 0.056 | 0.057 | 0.077 |
| | 收入 | −0.079 | −0.052 | −0.037 |
| 第二步 | 工作问题 $_{T1}$ | | 0.239* | 0.196* |
| 第三步 | 情绪宣泄（同事交谈） | | | 0.168* |
| | $R^2$ | 0.018 | 0.074* | 0.062* |
| | $\Delta R^2$ | 0.018 | 0.056* | 0.026* |

基于纵贯数据的回归分析显示，与同事交谈这一情绪宣泄方式在工作问题与焦虑的正向关系中起到了部分中介作用；但是，与同事交谈这一宣泄方式与焦虑存在正向关系，即不具有缓压作用。

表 5-14a　工作问题—情绪宣泄（同事交谈）—工作压力（沮丧）

| 因变量 | 情绪宣泄（同事交谈） | 模型 1 | 模型 2 |
|---|---|---|---|
| 第一步 | 常数 | | |
| | 性别 | 0.096 | 0.117 |
| | 年龄 | 0.076 | 0.058 |
| | 婚姻 | 0.006 | 0.023 |
| | 职称 | −0.122 | −0.121 |
| | 收入 | −0.119 | −0.090 |
| 第二步 | 工作问题 $_{T1}$ | | 0.256** |
| | $R^2$ | 0.023 | 0.087* |
| | $\Delta R^2$ | 0.023 | 0.064** |

基于纵贯数据的回归分析显示，与同事交谈这一情绪宣泄方式在工作问题与沮丧的正向关系中起到了完全中介作用；但是，与同事交谈这一宣泄方式与沮丧存在正向关系，即不具有缓压作用。

表 5-14b 工作问题—情绪宣泄（同事交谈）—工作压力（沮丧）

| 因变量 | 工作压力（沮丧）$_{T2}$ | 模型 1 | 模型 2 | 模型 3 |
|---|---|---|---|---|
| 第一步 | 常数 | | | |
| | 性别 | -0.136 | -0.122 | -0.14 |
| | 年龄 | 0.035 | 0.023 | 0.013 |
| | 婚姻 | 0.112 | 0.123 | 0.120 |
| | 职称 | -0.153 | -0.153 | -0.133 |
| | 收入 | -0.096 | -0.077 | -0.063 |
| 第二步 | 工作问题 $_{T1}$ | | 0.172* | 0.131 |
| 第三步 | 情绪宣泄（同事交谈） | | | 0.161* |
| | $R^2$ | 0.042 | 0.071* | 0.094* |
| | $\Delta R^2$ | 0.042 | 0.029* | 0.024* |

进一步地，将改变工作、同事交谈两个量表合并，采用纵贯数据检验情绪宣泄的延时缓压作用，增强统计结果的稳健性。

基于纵贯数据的回归分析显示：T1 工作问题对 T2 焦虑存在正向影响（系数为 0.239，$P<0.05$；$R^2$ 为 0.074，$P<0.05$），加入变量情绪宣泄后回归方程解释力显著增加（系数为 0.288，$P<0.001$；$R^2$ 为 0.146，$P<0.001$），且工作问题对焦虑的正向影响变为不显著，说明情绪宣泄起到了完全中介作用，但情绪宣泄对焦虑的回归系数为正，不具有缓压作用。

基于纵贯数据的回归分析显示：T1 工作问题对 T2 沮丧存在正向影响（系数为 0.172，$P<0.05$；$R^2$ 为 0.071），加入变量情绪宣泄后回归方程解释力显著增加（系数为 0.289，$P<0.001$；$R^2$ 为 0.144，$P<0.001$），且工作问题对沮丧的正向影响变为不显著，说明情绪宣泄起到了完全中介作用，但情绪宣泄对沮丧的回归系数为正，不具有缓压作用。

横截面研究与纵贯研究结果均显示，情绪宣泄虽中介了工作问题与工作压力的正向关系，但情绪宣泄会正向增大工作压力，总体而言统计结果不支持研究假设。

# 5.4 结果讨论

## 5.4.1 研究结论

本章对情绪宣泄这一压力应对策略的缓压效果进行了实证研究：首先，将情绪宣泄细分为改变工作以宣泄情绪和与同事交谈以宣泄情绪两种具体方式；其次，采用横截面数据和中介模型检验情绪宣泄的即时缓压效应；最后，采用纵贯数据和中介模型检验情绪宣泄的延时缓压效应。

本章实证研究符合班杜拉的社会认知理论有关情绪宣泄的预测，情绪宣泄是一种习得行为并在实施中得到某种强化，因此在工作要求情境会触发更多的情绪宣泄行为，这在本章实证研究中表现为工作问题与情绪宣泄正相关。进一步地，情绪宣泄无助于缓解压力，这在本章实证研究中表现为情绪宣泄与工作压力感正相关。

实证结果支持了社会认知论对情绪宣泄作用的预测，认为在工作压力情境中的情绪宣泄不具有缓压作用，澄清了精神分析理论与社会认知理论有关情绪宣泄作用的理论争议。情绪宣泄并不能将源自工作的压力释放或者排解出去，由客观的高工作要求导致的压力感，无法通过主观的情绪发泄得到缓解。情绪宣泄更可能是人们观察习得的一种行为，情绪宣泄过程中的主观体验强化了这种行为，因此常常在压力情境中表现出来；但是，无论在当时还是长时间看，情绪宣泄都间接增大了工作压力。

## 5.4.2 实践建议

情绪宣泄作为媒体经常推介、大众经常采用的压力应对策略，能否真正起到缓压作用，仍然存疑。本章研究发现，改变工作这一情绪宣泄方式不具有缓压作用，与同事交谈这种情绪宣泄方式亦不具有缓压作用；情绪宣泄不具有即时缓压作用，也不具有长期缓压作用。情绪宣泄能够缓解压力可能仅仅是人们的一种主观错觉，实际上情绪宣泄既不能降低工作要求，也无法有效提升个体的实际应对能力，因此，建议谨慎采用。

# 6 工作压力积极效应研究综述

工作压力不仅具有消极一面，也有积极一面。不同于长期以来组织行为学领域研究者将工作压力视作负面因素的观点，本章集中回顾工作压力与工作绩效、员工学习、员工成长的相关文献，总结研究成果、指明未来研究方向。

## 6.1 经典工作压力理论的启示

### 6.1.1 Lazarus 理论的启示

Lazarus 关于压力的交互认知模型认为，个体对压力的反应存在多种形式，这取决于个体如何评价当前的情况。认知评价是 Lazarus 压力理论的核心过程，个体对压力的认知评价过程包含压力刺激是否与自身相关，以及个体应对能力强弱两个评价。在第一次评估中，个体评估外界环境或刺激事件对自己的意义——是挑战还是威胁？回答“这种情况于我而言是好是坏”的问题；在第二次评估中，个体评估自身能力和所拥有资源是否足以应对外界刺激。如果员工在初次评价中认为环境对自己有潜在威胁，且在二次评估中认为自己的能力和资源不足以应对这一威胁，就会形成压力，这是传统的工作压力消极效应研究的逻辑起点。

然而，强调工作环境中的威胁因素且认为员工应对能力、应对资源相对不足，仅仅是 Lazarus 理论所预测的众多路径中的一条，Lazarus 的压力交互认知模型本身预示着其他路径的存在——即员工在初次评估中不认为环境刺激对自己存在威胁或者认为外界刺激是一种挑战，又或者员工在二次评价中认为自己的应对能力较强、资源较充足，则员工会有一种抓住机遇、实现潜在收益的心理状态。此一路径通常与积极效应联系在一起。简言之，Lazarus 的压力交互认知理论暗示着工作压力存在着积极一面。若外界刺激被评价为挑战，则可视为一种积极的压力源，若员工能战胜威胁刺激，则可能体验到积极情感结果。

进一步，Meurs 和 Perrewé（2011）提出了压力的认知激活理论（the Cognitive Activation Theory of Stress，CATS），该理论引入了时间维度，是 Lazarus 交互认知评价理论的一个扩展。CATS 理论认为之前的经历对个体的认知评价产生重要影响，若之前的经历是积极的，则个体更可能在认知评价中积极地评价外界刺激；相反，若之前的经历是消极的，则个体更可能消极地评价外界刺激。简言之，CATS 理论主张工作压力既可能是消极的，也可能是积极的。

### 6.1.2　Karasek 模型的启示

Karasek（1979）提出了工作要求—控制模型，认为工作要求与工作控制间存在交互作用，高要求、低控制会导致高压力工作，员工难以适应、会产生导致消极结果；同时，该模型还预期高要求和高控制会导致积极工作，员工受到激励、能应对挑战。虽然工作要求—控制模型提出了兼具消极与积极结果的理论假设，但在很长一段时间内，学者们更多地探讨了如何提升工作控制以缓解压力，对压力积极效应的研究严重不足。Parker 和 Sprigg（1999）表示，“很少有研究测试过 Karasek 和 Theorell 提出的工作要求—控制模型中的积极假设”。Vander Doef 等（1999，2006）在其综述文章中呼吁，未来研究应更多地关注压力积极的一面。我国学者于文宏、李焰（2006）在他们的研究中也提出，就已有研究的结论而言，大多数研究主要关注的是工作压力的消极影响，尤其是对个人的生理、心理和行为方面以及对企业工作效率的负面作用，而对压力的正向作用研究较少。

2000 年以后，学者们逐渐将视角转移到对压力积极效应的研究上。他们开始关注 Karasek 模型中有关工作激励的假设。尽管 Karasek 和 Theorell 曾提过“发展新行为模式的动机”“学习和增加的动机”“行为和技能的新模式”“劳动积极性”“掌握感”等概念，但研究者并不确定应采用什么概念来检验高要求与高控制导致高激励的假设。鉴于 Karasek 和 Theorell 所提出的假设和概念在操作化方面存在一定难度，迄今为止仍没有开发出获得广泛认可的测量。本书回顾过去的研究发现，基于 Karasek 模型的压力积极效应研究集中于以下变量：工作满意；工作参与、工作承诺；工作绩效；学习掌握；自我效能等。根据模型，高要求与高控制工作中员工的满意水平最高、参与及承诺程度最高，因而绩效也较好；而低控制与低要求工作中员工的满意水平最低、参与及承诺程度也最低，因而绩效也较低。实证方面，Sbergis 等（1992）研究得出积极性工作中员工的参与程度最高；De Jonge 等（1996）和 Demerouti 等（2001）的报告显示，“工作参与”与工作控制呈正相关；De Jonge（2000）等证实了积极性工作中员工的工作满意水平最高。

综上，在 Lazarus 与 Karasek 的经典理论模型中并没有排斥压力积极效应的存在，甚至提出了压力积极效应的若干论断；但是，有关压力绩效效应的实证研究仍然较少，应大力提倡。

## 6.2 工作压力与工作绩效

### 6.2.1 工作压力对员工绩效的影响研究

在工作压力与工作绩效研究领域最为知名的模型是 Cavanaugh、Boswell、Roehling 和 Boudreau 于 2000 年提出的挑战性压力（Challenge Stressor）与阻碍性压力（Hindrance Stressor）模型。针对工作压力与绩效实证研究中存在的不一致，研究者提出了大胆猜测，认为工作压力分“好压力”和“坏压力”，好压力与高工作绩效相联系而坏压力与低工作绩效相联系。高工作负担、时间压力、工作范围、高责任等压力，从管理者视角看，是一种良性的挑战，被称为挑战性压力源；而组织政治、繁文缛节、角色模糊、工作安全等，从管理者角度看，增加了不确定性、阻碍工作目标的达成，被称为阻碍性压力源。

LePine、Podsakoff 和 LePine（2005）对挑战性—阻碍性压力模型做了进一步阐释，从工作动机角度阐释了挑战性压力和阻碍性压力的作用机理。在挑战性压力情境中，员工更倾向于相信付出努力是能够达到要求的，而且一旦达到工作要求，就会得到期望的回报，因此，员工的工作动机就强；在阻碍性压力情境中，员工更倾向于相信付出努力也无法达到要求，即便达成目标也不可能得到期望的回报，因此，员工的工作动机就弱。LePine 等据此提出了直接和间接作用假设，采用元分析方法对 82 篇文献中 101 份样本进行了研究，发现挑战性工作压力源通过压力感和动机对工作绩效产生显著正向影响，阻碍性工作压力源通过压力感和动机对工作绩效产生显著负向影响。

国外心理和组织行为领域的学者对工作压力与员工绩效的关系进行了深入研究，形成了三种观点：

第一种，工作压力降低绩效。Eysenck（1995）认为，人的精神资源是总量有限的，当个体把更多资源用于应对压力时，则剩余的认知资源不足以完成工作；鉴于认知资源较少，个体会采取更简化的策略来工作，这将导致工作绩效降低。

第二种，工作压力增进绩效。Anderson、DeDreu 和 Nijstad（2004）认为，工作压力能够激发创造性思维和持续性探索，面对工作压力时个体会采取问题导向的工作策略，有助于解决问题、完成任务。Yuan 和 Zhou（2008）通过实验室研究，对比把外部评价作为压力源的参与者与没有外部评价压力的参与者，发现把外部评价作为压力源的参与者的创新有用性较高。

第三种，工作压力与绩效呈倒“U”形关系。激活理论（Activation Theory）认为压力可以增进绩效，但是到达某个点后，过多的压力会降低绩效。适度的压力和激活水平会导致高绩效，而过低或过高的激活都会降低绩效。

国内有关工作压力与员工绩效的研究开展较晚，其中影响较大的是舒晓兵（2006）的研究，他对比了我国国有企业与民营企业管理人员工作压力对工作效率的影响，发现国有企业管理人员工作压力较低，从而导致工作效率较低；而民营企业管理人员工作压力较高，工作效率也比较高。舒晓兵认为，工作压力与绩效之间存在倒“U”形关系，并根据实证研究结果提出，国有企业的工作压力还未到达到“U”形的顶点，因此他建议增加工作压力以促进国有企业的工作效率。其后，众多学者亦提出工作压力对工作绩效的积极影响，如衣春霞和武任恒（2014）对高职院校教师群体的职业压力进行研究，提出职工压力兼具消极作用和积极作用的观点，适度的压力可以有利于教师开拓思维，激发潜力，提升综合素质，提高工作的效率。

### 6.2.2 工作压力对创新绩效的影响机理

近年来，学者将目光聚焦于工作压力与创新绩效关系的研究上。尽管实证研究文献的数量不断增加，但工作压力与创新绩效之间的关系仍存在争议。Byron、Khazanchi 和 Nazarian（2010）的综述研究显示，工作压力与创新绩效的关系亦存在三种主张。一些研究表明工作压力会降低员工创新，一些研究揭示了工作压力对员工创新的积极作用，还有一些学者认为工作压力与员工创新之间存在非线性关系。

国内有关工作压力与创新绩效的部分研究汇总于表 6-1。不难发现，国内研究与国外研究类似，在工作压力与创新绩效关系方面存在三种实证结果。国内外的相关研究均未取得一致，这表明工作压力与创新绩效间关系仍旧是一个“黑箱”，工作压力对员工创新的影响可能涉及多个方面、多条路径，研究者应展开深入细致的探索。

表 6-1 工作压力与创新绩效的实证研究

| 作者 | 时间 | 研究方法 | 样本 | 主要结论 |
|---|---|---|---|---|
| 张敏 | 2012 年 | 情景实验法 | 第一个阶段 480 名被试；第二阶段 242 名被试 | 时间限制会加大项目执行者的感知时间压力并产生消极情绪，对创新行为带来不利影响；积极情绪的个体在面对较高时间压力时趋向于选择规避风险的创新行为 |
| 张敏 | 2013 年 | 情景实验法 | 179 名有效被试 | 怕掉面子的观念对时间压力和创新行为之间的关系起到反向调节作用，即怕掉面子的观念越强，时间压力和创新行为之间负相关性越显著 |
| 朱元康 | 2013 年 | 问卷调查法 | 廊坊、郑州、北京、广州、济南多个城市的 474 名企业员工 | 积极压力中的目标知觉维度和管理性维度对产生创新构想具有显著的正向预测作用 |
| 杜鹏程、倪清、贾玉立 | 2014 年 | 问卷调查法 | 中东部地区 280 名工作人员 | 压力会对员工创新有消极作用，而且这种消极作用不会受到组织支持感的调节作用 |
| 刘新梅、韩骁等 | 2015 年 | 问卷调查法 | 396 位银行一线员工 | 挑战型工作压力可以通过积极情绪正向影响员工创新，通过消极情绪负向影响员工创新 |
| 李坚飞、任理 | 2017 年 | 问卷调查法 | 某电机制造企业的销售部和管理人员共计 260 名 | 工作压力和员工创新行为这两个变量之间存在着倒“U”形关系 |

工作压力和员工创新领域的学者展开积极探索，尝试打开“黑箱”，破解工作压力影响员工创新的作用机理。其中，最有影响的是双路径模型：

工作压力—员工创新的双路径模型首先提出存在两条创新路径——灵活性途径和持久性途径，灵活性路径即发散思维，而持久性路径则是 De Dreu 等（2008）的新发现。De Dreua 等研究发现，在某些情况下系统和集中的思考能够导致高水平创新；而 Friedman 和 Förster 也发现重点和系统思考与员工创造力正相关。这些实证发现打破了创新仅存在于发散性、灵活性思维的观点，为模型构建奠定了基础。不同的工作状态或特征可能与员工创新相关联，因为它们可能影响认知灵活性，或者可能影响认知持久性，或者两者兼而有之。

工作压力—员工创新的双路径模型，不仅阐明认知过程与员工创新的关系，而且重点解释了工作情景因素即工作压力对认知、创新的影响。当员工面对工作压力时，会结合自己的能力和所掌握的资源来做出评价。能力强、资源足的员工倾向于将工作压力视作挑战，这种心理状态会正向激发灵活性认知、负向影响持久性认知，进而主要通过灵活性路径实现创新。而能力弱、资源缺的员工倾向于将工作压力视作威胁，这种心理状态会正向激发持久性认知、负向影响灵活性认知，进而主要通过持久性路径实现创新。如图 6-1 所示。

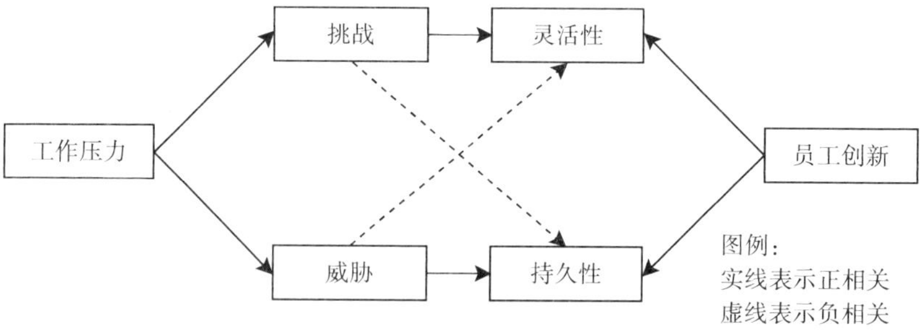


**图 6-1　工作压力—员工创新的双路径模型**

需要强调的是双路径模型的适用性，研究认为该模型适用于那些有意识的、针对实际需要进行创新的工作任务，而非某种“自动过程”。有人认为创新可能发生在“白日梦”之中，或者发生在不经意间，但双路径模型不适用于这些“自发的”没有努力的情况。双路径模型所关注的创新任务，在某种程度上受个体注意力的调节，并涉及“执行控制”。

双路径模型有着深厚的社会心理学理论支撑。模型的核心是创新可以通过两条途径实现。认知灵活性被定义为人们可以轻松切换到不同的方法或思考问题的不同视角；认知持久性则被定义为持续和集中的任务导向、认知努力程度。

灵活性途径指通过发散思维提出各种新颖观点，最终形成解决问题的方案，例如，通过头脑风暴提出新创意。再例如通过奇思妙想，提出天马行空式的新构想和新策划等。事实上，创新通常与发散思维或克服“墨守成规”密切相关。重要的是，人们不应依赖习惯性思维和固定性策略，而应开阔视野，关注多种工作，并在不同任务间灵活切换，以避免陷入固定思维。然而，增加灵活性的一个潜在缺点是会降低认知持久性，这与注意力分散有关。员工在工作中，如果思维不受限制，则不可避免地会产生不相关的想法、导致注意力分散。因此，需要有一种机制，在思维“偏离轨道”时进行认知调整，以保证我们的想法和行为符合我们的目标和意图。

持久性路径指集中精力对一个问题进行长期探索最终解决问题、实现创新的过程。例如，对于当前面临的难题，通过努力工作，系统而有力地探索各种可能性、继而对少数可能进行深入探索，从而提出创造性见解，最终解决问题。事实上，Simonton 等（1999）认为，创新可以通过对问题的持久性思考和持续探索来实现。在较短的时间内，系统思考和渐进式搜索通常不会导致创新，因为人们会发现那些显而易见的解决方案；通过较长时间的探索，在更多现成的想法被审视和丢弃之后才可能产生原创想法、见解和解决方案。然而，系统持久思考将注意力完全集中在手头的任务上，这会阻止思维的发散性和灵活性。

综上，工作压力—员工创新的双路径模型，以压力评价和认知心理为基础、从认知灵活性和认知持久性两条路径阐释了工作压力影响员工创新的路径机制，成为工作压力与创新绩效关系研究的理论基础。

# 6.3 工作压力与员工学习

## 6.3.1 工作压力对员工学习的影响研究

工作压力对员工学习的影响研究可追溯至 Karasek（1979）提出的工作要求—控制模型，该模型假设工作要求与工作控制之间的交互作用，且预期高要求和高控制工作能使在职者免受过度压力、产生学习和掌握感。之后，Parker 和 Sprigg（1999）采用 268 个生产企业员工样本对该模型进行了全面的实证检验。该研究一方面扩展了 Karasek 有关高压力的论断，另一方面采用掌握感（Perceived Mastery）、角色自我效能（Role Breadth Self-efficacy）、主人翁精神（Production Ownership）为因变量细致考察了有关学习导向的结果，发现工作要求与工作控制可以影响员工学习，积极主动性在这一过程中起重要调节作用，即高积极主动性的员工，在积极性工作中他们的工作压力为低到中等水平，学习掌握水平适中，自我效能感高。

尽管 Karasek 提出很多相关概念如工作满意、工作承诺、学习掌握等，用以表述工作压力的积极效应，但 Parker、Sprigg 及相关学者认为满意和承诺不够积极，应采用学习导向的结果来验证 Karasek 模型的积极假设：首先，满意和承诺的着眼点是现在的状态而非着眼于未来。满意是员工当下对于工作各方面有良性感受的一种心理状态；承诺也是当下员工对工作的尽职、认同、投入的态度。其次，对于这些状态的良好感受并不足以激励员工努力让未来变得更好，对当前工作的满意可能会让员工思想懈怠，从而安于现状，不思进取；工作参与和承诺程度高的确能增强员工对工作的责任感，但这种责任感侧重于"完成任务"，而不是"做得更好"。简言之，这些变量都没有充分体现"让未来变得更好"的积极向上的追求。

在 Parker 和 Sprigg 的带动下，学者们开始关注工作压力对员工学习的影响。Holman 与 Wall（2002）采用样本为 427 份和 203 份的两项横截面研究和样本为 144 份的一项纵贯研究，考察了工作要求、工作控制，学习相关结果如技能使用、自我效能与压力感之间的直接、中介和调节关系。研究发现，工作要求与工作控制对技能使用存在显著的正向影响。

Taris 等（2003）基于 Karasek 模型积极性工作中员工学习水平最高，消极性工作中学习水平最低的假设，预期随着时间推移，当工作要求、工作控制的各类组合朝积极性工作（高工作要求、高工作控制）的方向转变，则员工学习水平提升；当工作要求、工作控制的组合朝消极性工作（低工作要求、低工作控制）的方向转变，则员工学习水平下降，该研究以 876 名荷兰教师为对象，进行了为期一年的纵贯研究，发现“长期处于积极性工作的员工，会展现出更高水平的跨时学习；而长期处于消极性工作的员工，其学习水平会逐渐下降”，全面地分析考察了在一定时间内工作压力的变化对员工学习水平变化的影响。

Feij 等（2004）对 311 名新入职员工进行了三波纵向研究，该研究证实了高工作要求、高工作控制组合会导致高水平的员工学习；低要求和低工作控制导致低水平的员工学习；高要求和低工作控制导致高水平的压力；低要求和高工作控制导致低水平压力，支持了 Karasek 关于工作压力及学习的基本假说。同时，此研究亦检验长期处于不同工作状态下员工学习水平、压力水平的变化情况，取得了与 Taris 等研究基本一致的结论。

Ouweneel 等（2009）采用荷兰家庭护理中心 1588 名管理人员为样本，考察了工作要求、工作控制，以及来自上级和同事的社会支持对非正式学习的影响。回归结果发现，高要求、高控制、高同事和上级支持与高水平的非正式学习有关，但该研究未发现任何交互效应的证据。Ouweneel 等在讨论中认为，工作控制而不是工作要求是导致员工学习的主要因素，应在实践中予以大力提倡。

De Jange 等（2009）采用 3 波纵贯数据考察了工作要求、工作控制、来自上级的工作支持对学习相关的行为，如学习动机、积极的问题解决行为之间的因果关系，研究发现：工作要求、工作控制与学习相关行为之间存在着互惠因果关系。长期来看，工作控制对学习动机、积极问题解决行为存在正向影响；中期来看，工作要求对学习动机存在正向影响；短期来看，工作控制对学习动机、积极问题解决行为存在正向影响，工作要求对积极问题解决行为存在正向影响。

Taris 及其同事（2010）以 Karasek 模型为基础，采用 828 名警察样本的纵贯数据，详细考察了工作要求、工作控制与专业自我效能感、精力耗竭之间的关系。纵贯研究结果显示，高工作要求将导致高水平的效能感和精力耗竭，高工作控制将导致高水平的效能感；效能感与精力耗竭相互影响；高精力耗竭将引发后续的高工作要求。该研究认为上述变量间存在复杂关系。

**表 6-2 工作压力与员工学习的实证研究**

| 作者 | 样本 | 研究方法 | 主要结论 |
| --- | --- | --- | --- |
| Holman 与 Wall（2002） | 三组样本分别为 427、203、144 | 横截面研究<br>纵贯研究 | 员工学习会缓解减轻其工作压力，而工作压力则会阻碍员工学习 |
| Taris 等（2003） | 以 876 名荷兰教师为对象 | 纵贯研究 | 长期处于高要求与高控制并存即积极性工作情景的员工，会展现出更高水平的学习；而长期处于消极性工作的员工，其学习水平会逐渐下降 |
| Feij 等（2004） | 以 311 名新入职员工为样本 | 纵贯研究 | 高工作要求、高工作控制组合会导致高水平的员工学习；低要求和低工作控制导致低水平的员工学习 |
| Ouweneel 等（2009） | 以荷兰家庭护理中心 1588 名管理人员为样本 | 横截面研究 | 高要求、高控制、高同事和上级支持与高水平的非正式学习有关，但是该研究未发现任何交互效应的证据 |
| De Jange 等（2009） | 34 家公司的 2064 名员工覆盖老中青年 | 纵贯研究 | 工作要求、工作控制与学习相关行为之间存在着互惠因果关系：长期看，工作控制对学习动机、积极问题解决行为存在正向影响；中期看，工作要求对学习动机存在正向影响；短期看工作控制对学习动机、积极问题解决行为存在正向影响，工作要求对积极问题解决行为存在正向影响 |
| Taris 及其同事（2010） | 以 828 名警察为样本 | 纵贯研究 | 高工作要求将导致高水平的效能感和精力耗竭，高工作控制将导致高水平的效能感；进一步，效能感与精力耗竭相互影响；最后，高精力耗竭将引发后续的高工作要求。简言之，上述变量间存在复杂关系 |

综上所述，学者们从 Karasek 有关工作压力积极效应的论断出发，分别采用横截面研究设计和纵贯研究设计，以及多种组织和职业领域的员工样本，对工作压力与员工学习间的关系进行实证检验，有的学者发现，工作压力阻碍员工学习，而更多的学者则发现工作压力促进员工学习的证据。这其中，有的学者发现工作要求正向促进员工学习，有的学者主张工作控制正向促进员工学习。还有的学者坚持 Karasek 的交互效应假设，认为高要求与高控制组合促进员工学习。实证研究结果存在差异，而且学者们对工作压力促进员工学习的机理尚未达成共识。

### 6.3.2 有待研究的问题

不难发现，Karasek 有关工作压力与员工学习的论断以及后续研究者的观点与桑代克的“试错—联结”学习理论一致。美国心理学家桑代克认为人类由动物进化而来，因此动物和人类的学习机理是相似的，尽管复杂程度不同，但本质是一样的。他对动物学习进行了大量实验研究，提出了“试错—联结”学习理论。

桑代克的理论始于著名实验——“饿猫开迷笼”实验：将一只已经饿到发慌的猫关在迷笼里，笼子内有一个能够开门的开关，笼外不远处放着一个装鱼的盘子。此迷笼内部即构成了一个刺激情境，动物在此情境中会进行各种尝试，如饿猫第一次被放入迷笼后乱抓乱叫，拼命挣扎、四处乱抓，慌乱之中偶然抓到了开关、逃出笼子并吃到了鱼；第二次，将饿猫置于同样的环境中，它仍然乱扑腾试图逃出迷笼，但花费的时间会减少一点；如此往复地尝试错误，饿猫逃出迷笼所用时间越来越少，它渐渐地“学会”哪些动作没有用、哪些动作有用。由此，桑代克得出结论：猫的学习是经过多次的试错，直到由刺激情境和正确反应之间的联结形成。

桑代克主张，学习是通过逐渐尝试、犯错而形成的，当错误反应渐渐地减少，正确反应渐渐地增加，最终会达到一个稳定的“刺激—反应”联结。桑代克依据动物学习实验结果，提出了众多学习律：①准备律，学习者是否已经做好准备会影响到他对刺激的反应；②练习律，刺激—反应之间的联结会随着反应的重复而更加牢固；③效果律，如果一个动作会带来情境中一个满意的变化，这个动作很可能在类似的情境中重复，当跟随来一个不满意的变化时，该动作不太可能再一次重复。如表 6-3 所示。

表 6-3 桑代克的学习理论与班杜拉的学习理论

| 提出者 | 学习的定义 | 理论 | 实验 |
|---|---|---|---|
| 桑代克 | 学习过程就是逐渐尝试、不断犯错的过程，当错误反应渐渐地减少，正确反应渐渐地增加，最终达到一个稳定的“刺激—反应”联结 | “试误—联结”学习理论 | “饿猫开迷笼”实验 |
| 班杜拉 | 学习分为亲历学习、观察学习。亲历学习是个体对刺激做出反应并受到强化而完成的学习过程；观察学习是指个体通过行为观察榜样在处理刺激时的反应及其受到强化而完成学习的过程 | 班杜拉的社会学习理论 | 儿童攻击玩具娃娃的实验 |

随着研究的深入，心理学家对桑代克的“试错—联结”学习理论提出了质疑，认为人类仅有亲历学习是不够的；学者呼吁探索其他的人类学习模式而不应局限于一种学习方式之中。班杜拉在学习理论的发展中起到了关键作用，他通过一群儿童攻击玩具娃娃的实验，证实了儿童可以只通过观察他人行为而习得新反应，进而提出了“观察学习”概念。班杜拉认为，人类的大多数行为本质上都是通过观察他人而习得的，正是基于这种能力，人们才不需要通过一遍遍地尝试错误、总结经验，就能够掌握复杂行为。因此，观察学习对于人类而言是一种非常重要的学习方式。

班杜拉的亲历学习与桑代克“试错—联结”理论在本质上是一致的。亲历学习是指个体从亲身经历过的事件结果中进行学习，如从亲历的失败中汲取教训、从亲历的成功中收获经验。尽管从经验中吸取教训有时代价也很高，但毋庸置疑亲历学习是一种重要的学习方式。班杜拉对“试错—联结”机制进行了发展，他认为试错反馈不直接等同于亲历学习，员工可以从更多渠道获得必要反馈，并对反馈结果进行认知，在此基础上开始学习。在企业组织中，员工可以获得来自内部与外部的反馈信息，内部反馈信息主要指伴随具体行为而产生的心理感觉；外部反馈则是上级、同事、客户等给予的信息，如赞扬、批评、奖惩等。内外部反馈信息告诉员工应如何改变、采取有效措施达成目标、完成任务，为员工指出了后续改进的方向和具体指导。比如，某操作工序废品率较高，当员工获得信息反馈后，就会针对弊端改进操作流程；进一步地，在以后的工作中，员工也会避免此类错误的发生，即预防问题。

班杜拉的观察学习与桑代克的“试错—联结”理论有着本质不同。观察学习指榜样展现出个体所不具有的行为模式，个体通过观察他们思想行为的变化过程进行学习，从而也拥有同样的行为模式的过程。观察学习又称为“示范学习”，这两个概念含义相同，侧重角度不同，一个站在观察者的视角，另一个强调示范榜样。班杜拉认为，观察学习是一个信息加工的过程。具体到企业组织中，观察者将自己的感觉、知觉、认知加工等资源集中在榜样的行为以及当时的环境信息上，再将其用符号保存在脑海中，最后在某种动机触发下，表现出习得的行为。观察学习主要包含如下四个过程，如图 6-2 所示。

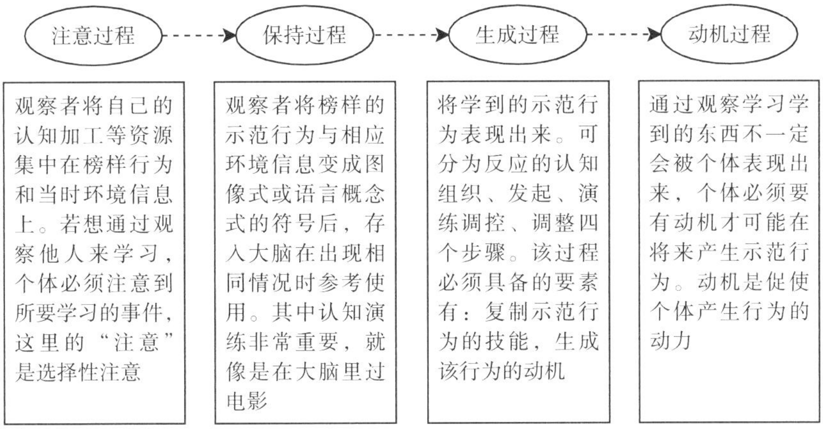


**图 6–2　观察学习的过程**

观察学习理论的提出给工作压力—员工学习研究带来了新课题：适用于“试错—联结”和亲历学习模式的结论能否适用于观察学习？理论上，Karasek 有关工作压力能促进员工学习的论断是否还存在另外的解释？实证方面，工作压力源、工作压力感对观察学习行为有何种影响？这是压力—学习研究中有待解决的重要问题。

## 6.4　工作压力与员工成长

### 6.4.1　工作压力对员工成长的影响研究

工作压力常被视为负面因素，研究者和管理实践者都努力去消除或最大限度地减少工作压力的负面效应。短期看，压力事件对员工的健康和职业发展有害。但长期看，工作压力可能促进员工的成长与发展。与生活中的情况相似，在工作情境中也可以观察到压力成长现象。例如，那些电脑经常出问题的员工与其他员工相比，更可能拥有较高的电脑维修技能。

工作压力对个体成长的积极效应研究可以追溯至 1964 年，Caplan 提出危机理论，该理论一个基本假设是消极生活体验有潜在的好处。其后，Taylor（1983）

的认知适应模型强调重新解释压力体验的积极适应性价值。Janoff-Bulman（1992）指出，压力的体验者、危机幸存者在某些方面更糟糕，但也有一些积极变化，包括获得智慧和同情。Antonovsky（1987）将压力相关的积极结果总结为个人经验，其中包括理解压力刺激和应对能力。Tedeschi 和 Calhoun（1996）则直接表示，个人成长是与压力的一个必然结果。

研究中，Schaefer 和 Moos（1992）做出了突出贡献。他们（1992）回顾了关于生活危机和个人成长的文献，并概述了压力相关积极结果的三种主要类型：①增强的社会资源（如与朋友的更好关系）；②增强个人资源（如更好的自我概念）；③新的或改进的应对技能（如更好地解决问题能力）。三种类型的压力成长结果是相互关联的，例如同情心的增加可能会导致与其他人的关系改善。值得注意的是，Schaefer 和 Moos（1992）还开发了一个概念模型来解释压力相关增长的前因因素，前因变量依次为：①个人特征（如性别、气质、人格特征）和环境特征（如社会支持、生活条件）；②负面事件的特征（如压力、持续时间、可控性）；③应对行为，包括认知重新定义或对事件的积极重新解释以及接受，假设事件的某些方面不能改变。压力可能带来世界观、认知处理、评估和应对过程的变化：压力造成原有世界观中断，打破个人对世界和自身的假设，个体需要对他们的世界观或信仰进行修改以反映现实情况；反复的痛苦经历帮助人们对压力源有更全面的理解，将压力事件纳入他们的认知结构，进而改变认知处理模式；将事件评估为威胁或挑战使个体采用不同类型、不同等级的应对策略。

Park、Cohen 和 Murch（1996）扩展了有关压力成长的研究，考察与压力成长的决定因素。该实证研究发现，压力相关的成长与乐观、积极情感、社会支持者数量和社会支持满意度之间存在着显著正相关关系，这与先前的研究是基本一致的。

随着研究的深入，压力成长研究转入职业领域。Park 和 Fenster（2005）认为，虽然压力的出现会导致很多负面的后果，但处理这些压力的过程也可能会促进更宽广的视角，新的应对技能，加深相关关系以及促进个人资源的开发。他们以 94 名大学生为研究对象详细考察了职业领域中压力成长的影响因素，他们间隔 6 个月后完成两次问卷调查，这些问卷包括过去 6 个月中最具压力的经历以及与压力源有关的认知过程，应对措施和工作相关成长等问题。纵贯实证结果表明，具体的应对压力过程与压力成长有关。

### 6.4.2 有待研究的问题

员工成长有两个基本维度：外在的成长和内在的成长。外在的职业成长关注于更具体的晋升、加薪等，而内在的、主观的职业成功更关注职业满意度和工作满意度。

外在成长与内在成长背后是两种不同的职业发展理论。Turner（1960）的向上流动模型（Model of Upward Mobility）强调外在成长，认为职业发展可通过竞争性的职位流动实现。员工在企业组织中向上移动即晋升，意味着员工工作绩效很好或者通过其他方式为组织做出了贡献。影响组织内晋升的因素是组织或政治知识、职业计划、工作能力、教育水平，还有社会资本和动机方面的变量。另外，组织内强力人物的关注和赞助，可以使受关注和赞助的员工得到有形和无形的资源（如培训），以促进他们比其他人发展得更快。研究发现，表现出个人主动性、表现领导潜力、外向性的员工更容易吸引上级的关注和赞助。

易变的和无边界的职业发展观强调内在成长。职业成长不应局限于某一组织内部的垂直发展；职业发展应由个人驱动、在不同的组织或职业流动中实现。一个易变性的职业生涯是由个人主动管理和人的内在价值引导的，而不是按照组织阶梯规划好的路径发展的。在易变性的职业生涯中，员工成长不可能表现为在某一组织中晋升，而应该体现为能力的提升，包括再就业能力、学习能力等。类似地，无边界职业发展鼓励员工跨组织流动，追求"获得培训机会、增强人力资本、保持市场能力"。因此，有助于成功地在工作和组织之间转换的因素，如可雇佣性、求职自我效能等被视为无边界职业时代的成功指标。

薪酬增长和晋升是员工获得职业成长的最显著标志，这些外在成长指标可以从公司记录中获得、难以造假，因此颇受研究人员青睐。正如 Zig Ziglar（1997）所说的："那些说他们不关心金钱的人可能会对其他事情撒谎！"Seibert、Kraimer 和 Crant（2001）对外在职业成长进行了全面研究，他们采用来自 180 位员工以及他们上级的纵贯数据进行结构方程建模分析，研究显示：积极主动个性在员工职业发展中起关键作用，积极主动个性正向促进员工的创新行为、学习行为和工作主动性，进而导致员工升职与加薪。国内研究也显示，升职加薪仍然是人们职业生涯所追求的重要目标。如表 6-4 所示。

**表 6-4 传统的职业生涯与易变性和无边界职业生涯**

| | 传统职业生涯 | 易变性、无边界职业生涯 |
|---|---|---|
| 目标 | 晋升、加薪、工作安全感 | 个人能力发展、灵活的受聘能力 |
| 职业生涯管理 | 主要由公司承担 | 主要由个人承担 |
| 专业知识和技能 | 已经知道怎么做 | 不断学习怎么做 |
| 培训 | 正式的培训计划 | 在岗学习和培训 |
| 职业发展方向 | 公司内；垂直运动 | 跨组织；水平、垂直、多样化运动 |

然而，组织内外部环境的变化，使上述外在职业成长指标的重要性大大降低了。例如，Hall（2002）研究发现，组织扁平化、组织规模缩小和外包等趋势已经减少了员工可以晋升的层级和范围，缩短了员工向上晋升的阶梯。Reitman 和 Schneer（2003）对 116 名 MBA 毕业生的职业生涯发展进行了 13 年的跟踪调查，结果显示其中 2/3 的人未遵循典型的、组织内部的职业晋升路径。这项研究还发现，这些人并没有过分在意收入，没有在工作保障方面付出太多精力。随着无边界职业时代的到来，越来越多的专业人士、管理人员甚至企业高管都选择成为企业顾问。换言之，缺乏明确的职位和等级。不难发现，员工成长和职业成功的客观标准在许多工作中意义有限。

进一步，研究者惊讶地发现，获得高薪和晋升也不一定让人感到骄傲或成功。事实上，高薪和晋升很可能会导致工作和个人疏离以及抑郁反应。班杜拉（1988）描述了新任命的管理人员如何变得不堪重负，并且可能导致主观和客观的职业生涯失败。当代职业观念如易变性职业生涯、无边界职业等，强调是由员工个人而不是由组织在驱动员工的职业发展，这使个人属性成为职业发展与成功的关键因素。Friedman 和 Greenhaus（2000）对 800 多位商界专业人士调查后提出职业成功的 15 个潜在指标，因素分析揭示了职业成功的五个重要维度：地位、自我时间、挑战、安全和社会联系。除地位和安全以外，其他维度都属于主观的、内在的职业成功标准。种种迹象显示，外在职业发展具有局限性，学者应更多地研究内在职业发展与成功。国内学者也逐渐认识到外在成长的不足，翁清雄、席酉民（2011）采用访谈、半结构化问卷获取原始数据，经归类、汇总和预试修订等多个步骤确定职业成长初始量表，通过项目分析、探索性因素分析等方法筛选确定正式量表，明确员工职业成长包括职业目标进展、职业能力发展、晋升速度和报酬增长四个因素。

内在的职业成长方面，常用的度量指标是工作满意度或职业满意度。早在1962年，Hilton和Dill就指出“将薪水作为衡量员工职业发展的缺点是众所周知的。”这促使研究者开始关注职业成功的主观或内在标准，最早的内在职业成功研究可以追溯到Thorndike（1934）将职业成功操作化为工作满意度以及收入和工作状况。Schein（1978）认为，对那些拥有一定地位和获得财务成功的人而言，他们是否对自己的职业感到满意是很重要的。Higgins、Thoresen和Barrick（1999）的判断认为，因为对工作很多方面不满意的个人不太可能认为自己的职业是成功的，所以工作满意度是主观职业发展与成功最显著的方面。许多其他研究，例如Boudreau、Boswell和Judge（2001）也使用工作满意度作为主观职业发展的标准。采用工作满意度或职业满意度作为职业成长或职业成功的标准具有一定的局限性，典型的是当前的满意/不满意与未来的前景好/坏之间的不一致。如当前满意但未来职业前景黯淡，或者当前不满意但未来职业前景看好。因此，高工作满意度或者高职业满意，并不一定会是职业发展或者职业成功的完美测量指标。

内在的职业成长研究中，学者们还提出一种做法，即可以参照个人标准或他人期望进行评估。职业发展与成功的判断可能会有很大差异，这取决于选择哪一种作为比较的基础。自我参照的职业成长标准（Self-referent Success Criteria）反映了个人职业相关的标准和愿望。相比之下，其他参考标准则涉及与其他人进行比较，比如是否比同行业平均水平或者同行在同一个或另一个组织中扮演类似角色的同事更好或更差。Gattiker和Larwood（1988）认为，主观职业成功标准反映了个人的标准和偏好，无论其他人如何，一个高度忠于个人标准的人如果能够实现目标，就能体验到职业成功，而如果没有实现这一目标，他们在职业生涯可能会失败。

综上所述，有关工作压力与个人成长的理论更多地集中于生活领域，有关工作压力与员工成长的实证研究更多地集中于外在成长。生活领域的危机理论并没有对企业组织中的压力成长做出直接解释，而工作压力与员工外在成长的实证证据在易变性职业和无边界职业时代很可能失去效力。那么，工作压力能否以及如何促进员工的内在成长？这一问题成为新时代工作压力研究者亟须回答的问题。

# 7 工作压力对员工创新的影响研究

工作压力对员工创新有着积极影响。本章回顾了工作压力积极效应的相关研究，基于工作压力—员工创新的双路径模型提出焦虑、沮丧与员工创新关系的假设；采用问卷调查法面向西安市 4 家单位 202 名员工进行数据收集，运用 SPSS 等软件进行因子分析、回归分析等；实证结果支持工作压力对员工创新具有促进作用的论断，并获得不同于双路径模型的新发现。实证结果显示，不同的工作压力对员工创新的影响机理不同，焦虑与员工创新呈现倒“U”形关系，焦虑对员工创新的影响机理符合创新的持久性路径；沮丧员工创新也呈现倒“U”形关系，沮丧对员工创新的影响机理类似颠覆式创新，通过沮丧、反思、否定原有做法后提出创新。基于实证研究结果，本章向管理者提出了压力和创新管理建议。

## 7.1 模型与研究假设提出

### 7.1.1 工作压力的积极一面

工作压力已成为普遍现象，2016 年中国调查网发布的《工作压力》互动调查显示，社会上有 95%的人表示自己承受着压力，表示没时间舒解压力的有 70%以上。超负荷的工作使人们承受着巨大压力，长此以往，会导致身体机能下降，诱发慢性疲劳综合征、高血压、神经衰弱、消化性溃疡等疾病，甚至心肌梗死、中风等，危害身体健康。

尽管大量调查显示工作压力有消极作用，但不可否认压力还有其积极一面。

典型的例子是曹植的“七步诗”，曹植在生与死的巨大压力下作诗一首，说明压力情境中可以急中生智。还有中国“两弹一星”的事迹，中华人民共和国成立不久面对内忧外患的压力情境，众多科学家艰苦奋斗最终成功研发了原子弹、氢弹和人造卫星，也显示了压力的积极一面。2006 年，有学者通过调查发现工作压力与收入和晋升存在正向关系，在国有企业中，工作压力解释了 49.3%的收入差异和 51.4%的职级差异，而在民营企业中，工作压力则能解释 56.6%的收入差异和 56.1%的职级误差，这说明国有企业员工的工作压力相对较小，学者建议适量增加国有企业员工的工作压力以提高效率、增加收入、获得晋升。

理论研究方面，多数学者主要考察了工作压力的消极面。如黄肖（2017）通过对 400 名来自北京、上海等地的员工进行问卷调查，发现工作压力对员工心理健康会产生消极的影响。工作压力不仅会降低员工的工作绩效，还会危害组织内的合作，不利于企业的长远发展。如毛翠云、林香、侯文静（2018）对 470 名新生代员工采用了问卷调查法和结构方程法，发现工作压力会严重影响组织整体的工作绩效。少部分学者认识到工作压力具有积极效应，如工作压力可以使员工认识到不足、增强员工的工作动力，并展开有益探索。舒晓兵（2006）对国有与民营企业管理人员工作压力对工作效率的影响进行了研究，发现工作压力较低导致工作效率也较低；工作压力较高带来的工作效率也较高。衣春霞和武任恒（2014）对高职院校教师群体的职业压力进行研究，提出职工压力不仅有消极作用还有积极作用的观点。他们认为，适度的压力可以激发工作潜力，有利于教师开拓思维，提高工作效率。李志刚（2015）以在某公司现场发放调查问卷对员工进行访问，统计分析后得出结论，工作本身的压力与工作绩效呈显著正相关关系，即一定的工作压力会带来员工工作积极性的增加和工作技能的提高，进而提高工作绩效。刘新梅、韩骁等（2015）运用问卷调查法分析了 396 位银行的一线员工，研究发现挑战型工作压力可以通过积极情绪正向影响员工创新。

工作压力的积极效应有着深厚的理论基础。Lazarus（1963）关于压力的交互认知模型认为，压力是消极的还是积极的取决于个体如何评价当前的情况、如何做出反应。个体对压力的认知评价过程包含压力刺激是否与自身相关，以及个体应对能力的评价。在初级评估中，个体若认为外界环境或事件没有威胁，或者在二次评估中，个体认为自身能力和所拥有资源能应对外界刺激，那么压力就会被认为是积极的。将压力视为积极因素，反映了个体专注于实现潜在收益或机会的心理状态，通常与积极情感联系在一起。

### 7.1.2 员工创新的研究综述

在工作压力积极效应研究中，有关工作压力对员工创新的影响研究成为学者关注的热点问题。

Amabile（1996）将员工创新定义为企业员工生产新颖和有用的思想，产品、服务或组织的过程，它是组织创新的基础。员工的创造性和积极性是企业的一个关键竞争优势，可以推动组织发展、决定组织的兴衰。Zhou（2008）认为，创新是指产生新颖而有用的想法和产品，他们认为创新可以对组织变革做出实质性的贡献，创新在组织的生存、发展和对外竞争中具有至关重要的作用。

员工创新是一种二维结构，它包含新颖性和有用性两个基本维度。新颖性指一种新的、不同寻常的特征，有用性指具有潜在价值或适当性。员工创新的二维结构是根据 Campbell 的变异和选择性保留模型提出来的，Campbell（1960）认为，员工创新的过程可以被看作是变化和选择的重复。变化是一个过程，在这个过程中员工产生各种各样的想法，这些想法是基于现有的信息和知识，与现状相关并有所区别。变化过程的目标是产生尽可能多、尽可能新的想法。在选择性保留过程中，所有产生的想法都是根据特定的标准评估，只有满足这些标准的想法才会被认为是有用的。通过选择，有用的新想法被保留下来，或被修改成可以接受的样式。当变异和选择性保留过程都有效时，最终产品将是既新颖又有用的。

早期有关员工创新的研究关注的是技术创新，例如，20 世纪 90 年代傅家骥等（1998）对技术创新做了研究，并将其定义为抓住市场的潜在获利机会，把获取商业利益作为终极目标，重新调整组织的生产条件和要素，建立起高效能、高效率和低费用的生产经营系统，并且推出新产品、新的生产工艺方法、获得新的原材料来源地，它是一个涉及科技、组织、商业等活动的综合过程。张炜（2004）在简要回顾传统技术创新的形式及其演变过程的基础上，提出了技术创新模式的选择要点，并预测了技术创新的发展趋势。

随着研究的深入，员工创新的研究不再局限于技术领域和技术人员，而是扩展到各个行业、各个领域，扩展到员工工作的方方面面，管理创新和服务创新、普通员工的日常工作亦成为员工创新研究的内容之一。本书认为，员工创新研究不应局限于技术领域和技术人员，在创新成为国家战略的背景下，应在多种工作情境中考察员工创新的前因机制，以得出更具普适性的结论。

有关员工创新的前因机制，存在三种观点：其一，创新是一个随机过程；其二，创新依赖于发散性思维；其三，创新至少存在灵活性和持久性两条路径。如表 7-1 所示。

**表 7-1 创新的前因理论**

| 提出者 | 理论观点 | 实践建议 | 对工作压力—员工创新研究的启示 |
|---|---|---|---|
| Simonton | 创新涉及一个受限制的随机过程 | 随机诱因法 | 工作压力与创新无关 |
| Guilford | 创新主要受益于发散思维 | 头脑风暴法 | 工作压力阻碍创新 |
| De Dreua 等 | 创新通过灵活性和持久性两条路径来实现 | 适度压力、领导支持 | 工作压力有可能促进创新 |

Simonton 采用与生物进化相类似的观点来解读创新所涉及的变异和选择保留的过程。人类的大脑基本上以随机或以准随机的方式产生对已知想法的变异，如通过在现有想法之间建立新的联系产生一些新的组合，有价值的变异被保留下来，而其他的没有用处的变异被丢弃。从这一观点出发，Simonton（1999）提出，创新是一个受限制的随机过程，涉及“限制机会，随机性或不可预测性”。他的理论被用于解释科学家和艺术家的创造性生产力。创造性过程在某种程度上是随机的，大多数新想法都是无用的，偶尔会产生一个真正新颖且有用的创意。

将创新视为一个随机过程，李伟希（2013）提出了“随机诱因法”，即基于一个有待创新和改进的产品，结合一个随机诱因进行思维碰撞，以产生新想法。举例来说，某手机制造公司对其产品进行创新，待创新和改进的主体是“手机”，然后随便打开一本《新华字典》或者一本书，随意翻到某页、某行、某个字，假如出现一个“鼻”字，那么“鼻”字就是随机诱因，由“鼻”结合“手机”开始创新思考。

将创新视作一个随机的过程，这一理论不适用于工作压力—员工创新的研究。因为创新是随即发生的、具有不确定性，无法展开有效研究；同时，工作压力在随机过程中没有特别的影响，可以说与随机过程无关。

Guilford 和 Eysenck 等学者在 20 世纪末预测创新得益于智力能力，依赖于发散思维。创新性较高的个体可能会对于外界刺激产生不寻常的、原创的想法，而创新性较低的个体对于刺激更可能产生习惯性的、常规性的想法。Friedman 和 Förster（2005）亦提出了类似观点，他们认为创造性思维与“普通”解决问题完全不同。普通解决问题需要集中注意力，付出努力，进行系统化的分析处理，但创新主要受益于发散性的和非系统的思维。从这个角度看，集中注意力会导致个体产生与现有概念和想法密切相关的概念，因而不具有原创性；发散思维会导致个体产生与现有想法相距更远的关联，因此更具原创性。

在词语联想测试中，高创造性科学家与低创造性科学家相比，能提供更多的原始词汇。基于发散性思维导致创新的原理，实践中出现了鼓励自由联想和讨论的“头脑风暴法”。头脑风暴法鼓励人们说出与他人不同的新想法，而禁止人们对已有想法评头论足，以此确保思维和讨论的发散性。

员工创新依赖于发散思维，这一观点亦不适用于考察工作压力对员工创新的积极影响。工作压力带来的焦虑、沮丧等负面情感会抑制思维的发散，因此压力情境中员工无法通过发散思维来实现创新。De Dreu 等（2008）的研究发现，在某些情况下系统和集中地思考能够导致高水平的创新；在此基础上整合发散性思维导致创新的观点，提出了创新的双路径模型。双路径模型假设有两种途径可以实现创新，即灵活性途径和持久性途径，环境特征和个体心理通过这两种途径来影响创造力。认知灵活性定义为人们可以轻松地转换到另一种方法或考虑不同的观点，而认知持久性则是持续和集中的任务导向的认知努力程度。

在解决问题的过程中，我们产生了与现有想法关联度更低、相距更遥远的想法，创造性地从注意力分散和随机过程中获益，这就是灵活性路径。专注于一项任务，在工作记忆中保持目标活跃，忽略干扰，抑制看似无关的想法，减少注意力集中的广度、提升注意力集中的深度，通过持久思考实现创新，这是持久性路径。

与灵活性路径所强调的发散思维不同，持久性路径代表了对一个问题集中精力，进行长期探索最终实现创新的过程。对于当前面临的难题，通过努力工作系统地探索各种可能性，继而对少数类别或观点进行深入探索，从而提出创造性思想、见解，最终解决问题的过程。灵活性思维的一个缺点是，注意力分散、不可避免地会产生不相关的想法或不合适的解决方案；而系统思考会阻止思维的发散和工作中不相关想法的产生，并且注意力完全集中在手头的任务上，不会偏离轨道。通过对问题的持久性思考和增量搜索，丢弃显而易见的解决方案之后，产生原创的想法、见解和解决方案。

本章在总结创新概念与理论的基础上，选择创新的双路径模型为基础，提出工作压力通过持久性路径影响员工创新，提出理论假设，展开实证检验。

### 7.1.3 工作压力对员工创新的两种影响

De Dreu 等（2008）提出的 DPCM（the Dual Pathway to Creativity Model）模型认为，工作压力有利于员工创新，高工作压力被员工评估为威胁，继而威胁可以促进员工的持续认知，最终实现员工创新。DPCM 模型认为，认知灵活性并不是实现创新的唯一途径，“通过努力工作，毅力以及深入探索一些认知类别或观点，员工也可以实现创新”。员工对某一问题展开持续探索，会产生很多想法，即想法、解决方案的总体数量必然增加。鉴于某一特定领域中可能存在有限数量的、已知的、非原创性思想，则持续探索所获得的新想法、新方案的数量必将超过已知想法和方案的数量，最终获得不同于以往的、创新性思想。

DPCM 模型认为，威胁评估会增强认知的持久性，进而有助于创新。在高压力情境中，个体倾向于将他们的全部注意力集中在眼前的威胁上，并且极力避免相关的损失。此时，员工会为了一个明确的工作目标而做出重大努力以克服威胁，并且不会因其他事务或者刺激分散自己的注意力；长期专注于某一具体问题，通过不断尝试，总能提出创新性的意见。高工作压力带来的威胁是现有资源框架的“破坏者”，它引导员工重新分配认知资源来缓解威胁，并最终帮助员工发展出原创想法。研究发现，压力情境和负面情绪通过增加持续性刺激来增强创造力。

DPCM 模型认为威胁评估会降低认知的灵活性，进而不利于创新。这与 Staw 等（1981）提出的威胁—僵化理论（Threat-rigidity Framework）的观点一致。威胁—僵化理论认为，当主体感受到外界威胁时，就会表现出思维僵化的特点。威胁是可能对主体产生消极后果的所有环境和事件，个体具有趋利避害的本能，因此面对威胁时个体认知和信息处理方式会发生改变。组织情境中，当员工感受到威胁或压力时，会感到紧张、大脑一片空白，不能提出有创造性的建议。Notebaert 等认为威胁评估将员工的注意力集中在可感知的威胁来源上。Cadinu 等指出情况有威胁时，员工往往会受到干扰性、工作记忆能力降低。威胁评估唤起了僵化的思维模式，使员工不得不依赖于习惯性的行为，导致创造力降低。如表 7-2 所示。

**表 7-2 工作压力对员工创新的两种影响**

| | 工作压力阻碍创新 | 工作压力促进创新 |
|---|---|---|
| 认知心理学的解释 | 变异指提出不同于以往的建议或方法，即创新的新颖性维度；变异需要发散性思维，压力抑制发散性思维因而阻碍创新 | 选择性保留是指根据有用性标准对创意进行评估，并将其修改为可被理解和接受的适当形式；选择性保留强调目标和有用性，压力使个体始终行动目标因而有助于创新 |
| 组织行为学的解释 | 工作压力会导致员工思维僵化，使员工选择更为保守和习惯性的工作策略，进而阻碍创新 | 工作压力促使员工将精力放在当前问题上，不分散注意力，通过持续探索获得不同于以往的新想法、新方案 |
| 主要结论 | 工作压力阻碍员工创新 | 工作压力促进员工创新 |

DPCM 模型对工作压力与员工创新关系的预测有着深厚的心理学基础。对于变异过程，Guilford（1959）提出一个新观点，有效的变异过程是导致更多想法和大量新颖想法的过程。生成的想法的总数被认为是变异有效性的重要指标，与所产生的想法质量密切相关。变异中产生的想法数量与原创或新颖想法的数量有关，想法越多则经过选择保留成为最终创意或产品的数量越多。在没有压力的情况下，变异可以理解为一种启发式任务。思想像自由的鸟儿一样飞翔，在蓝天中探索每一种可能。探索认知灵活性的潜力，以“在常见的解决方案和实践之外，寻找原创的想法和独特的见解”。

在有压力的情况下，变异过程会受到外部评价的影响。在启发式任务中表现良好，如产生大量新颖想法需要大量的认知资源；然而，对外部评价的期望会将员工的注意力从任务本身分散到外部评估，从而降低了他们对任务的认知参与程度，因此会对其数量和新颖性产生不利影响。

选择性保留是根据外部标准对创意进行评估的过程，并将其修改为可被理解和接受的适当形式。对于一名经理来说，这可能涉及丢弃新颖但不恰当的想法，并仔细地将有前景的想法修改为可行的做法。选择性保留需要做出重要的判断和决定，这需要通过经验以及培训发展的复杂技能。

在有工作压力的情况下，选择性保留可以理解为针对需要解决的问题筛选并保存有用的建议或方法的过程。从这个视角出发，许多研究人员提出工作压力可能对创造力的产生积极影响。例如，Rubenson 和 Runco（1992）在其创造力过程模型中提出，虽然内在的创造力可能因外在影响而减弱，但外部需求（工作压力）的增加可以抵消这种减少效应。同样，Amabile（1993）认为，外在动机的状态可能对创造力过程的某些阶段，如想法验证阶段有促进作用。虽然更自由的联想对于想法变异环节必不可少，但有意识有重点的逻辑分析可能有益于选择性保留。来自外部的压力可以提高个人的持续努力，使员工遵守规则和标准、积极展开合作，从而有助于更好地进行选择。

综上所述，DPCM 模型认为工作压力对员工创新产生双重影响：工作压力降低思维的灵活性阻碍创新，同时，工作压力会提升认知持久性促进创新。本章将在此结论基础上，进行逻辑推导、提出假设。

### 7.1.4 研究假设

根据 DPCM 模型，工作压力对员工创新的影响主要通过两条路径，灵活性路径与持久性路径。高工作压力将限制发散性思维，员工无法产生更多的思想变异，工作压力负向影响认知灵活性，进而对员工创新产生负面影响；同时，高工作压力被员工评价为威胁，威胁促使员工将精力放在一个问题上，通过对这个问题的专注思考和反复尝试，找到解决问题的方法。工作压力正向影响认知持久性，进而对员工创新产生正面影响。

本章将从不同的工作压力即焦虑、沮丧出发，阐释工作压力对员工创新的影响。Warr（1990）对个体情感进行了汇总研究，基于愉悦程度（正面情感与负面情感）和唤醒程度（高激起与低激起）两个维度将工作相关情感分为四大类；Warr 以分层抽样的方式收集了 1686 名男女员工，检验了该分类模型。本书所研究的工作压力感属于负面情感，按照 Warr 的框架又有高唤醒和低唤醒之分。本章从两类压力感入手展开研究：一类是心理激起程度高，心理能量高的焦虑；另一类是心理激起程度低，心理能量低的沮丧。本章认为，焦虑是具有能量的，更符合创新的双路径模型的预测，即通过灵活性路径和持久性路径对员工创新产生作用；而沮丧是缺乏心理能量的，既不符合创新的双路径模型，也不符合变异和选择性保留模型，当员工感到沮丧时更容易消极面对，因此不会促进创新，甚至可能抑制创新。

具体来看，焦虑与员工创新间存在倒“U”形关系。随着工作压力的提升，员工的焦虑感不断增强，认知灵活性呈逐渐下降的趋势，而认知持久性则呈逐渐上升的趋势。当工作压力小、焦虑感低的时候，员工的思维发散、认知灵活性最高，新颖性很强，但思考问题和解决方案没有重点，即有用性很低，因此工作压力小、焦虑低的时候，员工创造力较弱。随着工作压力不断增强，员工的焦虑感逐渐提升，此时员工的思维逐渐聚焦于需要解决的问题，同时认知灵活性有一定程度的降低，即思想和方案的新颖性降低但有用性随之增强，认知灵活性和认知持久性两者共同作用达到最佳状态，员工创造力最强。一旦工作压力和焦虑感超过这个点，高工作压力状态会导致员工思维过度僵化，新颖性很低，不能提出有建设性的提议，此时尽管员工的目标明确、有用性导向很强，但整体而言创造力不高。简言之，工作压力和焦虑感过小、过大时，员工创新水平较低；而工作压力和焦虑感适中时，员工创新水平较高，即焦虑与员工创新之间存在着倒“U”形关系。据此提出：

假设 1：焦虑会促进员工创新，焦虑与员工创新间存在倒“U”形关系。

具体来看，沮丧与员工创新间存在负相关关系。根据 Warr 的研究，沮丧是心理能量较低的负面情感，对问题持消极态度、可能采取回避策略。当工作压力较小、沮丧感较低时，即员工心态较为积极时，员工具有较充足的心理能量支撑其发散性思维和持久性思维，员工创造力较强；当工作压力逐渐增大、沮丧感逐渐增强时，员工变得消极，可用的心理能量减少，不足以支撑员工的创新性思维，此时员工创新水平下降；当工作压力过大、员工感到非常沮丧时，就会放弃一切努力和尝试，则灵活思维、持久思维均无从谈起。据此提出：

假设 2：沮丧与员工创新负相关。

# 7.2 研究方法

## 7.2.1 方法概述

为了科学检验工作压力与员工创新间的关系假设，本章采用了问卷调查法。问卷调查法先由研究者设计问题，要求参与者作答，回收问卷后整理分析数据并得出结果。问卷设计有多种形式，本章采用的是自填式、封闭问卷，长度约4页。问卷调查法在管理实证研究中使用率很高，主要优点如下：问卷调查法不同于观察调查法，访问调查法，通过纸质问卷的收发就能收集到丰富数据，可以节省时间和精力；问卷调查的适用范围很广，可以根据研究目的收集不同地区的数据；问卷调查更加结构化，所得数据易于整合汇总、易于展开统计分析，问卷调查结果可以快速导入SPSS等统计分析软件进行处理，得出分析结果：

为了更好地检验工作压力与员工创新间的因果关系，本章采用了纵贯研究设计。纵贯研究设计与横截面研究设计不同，横截面研究（Cross-sectional Study）大多采用一份问卷、在同一时间采集有关自变量和因变量的数据信息，用于统计分析。使用同一时间点采集的数据来检验因果关系假设，受到学者的普遍质疑。因果关系具有时序性，即原因必定在先，结果只能在后，二者的时间有先后，且顺序不能颠倒；显然，采用同一时间采集的数据来检验有时序性的因果关系的假设是有问题的。鉴于此，本章采集纵贯数据（Longitudinal Data），即在不同时间点的考察研究对象、采集数据。纵贯数据具有时序性，可以客观反映事物的发展变化过程、支持因果关系假设的检验。

需要说明的是，由于横截面研究是一次性的数据采集，所以它的成本耗费相对其他研究方式较小，在同等研究经费支持下它可以采集更多的数据；而纵贯数据需多次采集，针对同一对象有明确的时间先后要求，而且所采集数据必须严格对应使用，所以成本耗费相对较大，同等经费支持下能采集的数据量较少。

### 7.2.2 研究样本

本书选择西安的 4 家单位，即西安热工研究所、兵器工业某研究所、普华永道会计事务所和西安华璞管理咨询公司，共计 2 所研究所和 2 个咨询公司展开问卷调查。

选择研究所工程师和管理咨询人员作为研究样本，基于以下考虑：

其一，本书与以往工作压力研究对象不同，以往的研究对象大多是一线工人、护士、基层管理员工等，一般从事事务性、程序性工作，工作要求他们循规蹈矩、按部就班，管理者不希望甚至不允许他们对在工作中做出改变。相比而言，工程师和咨询人员以完成项目为工作目标，几乎每个项目都会出现不同于以往的新问题、新情况，他们的工作就是在新情况中解决新问题，具有创新性。而且，工程师和管理咨询人员的学历相对较高、专业知识水平较高，具有在工作中进行创新的能力。

其二，与以往工作压力研究关注的事务性、程序性工作不同，科研项目、咨询项目兼具复杂性、时间紧迫性特点，员工在工作中面对大量问题和挑战，因此，工程师和咨询人员都体验着更高的工作压力。简言之，工程师和咨询人员的工作本身具有高创新性和高压力的特点，是考察工作压力与员工创新关系的良好样本。

由于工程师和咨询人员的工作以项目形式展开，3 个月可以覆盖大部分项目的执行周期，因此将纵贯调查的时间间隔设定为 3 个月。4 家单位共选择 330 名员工作为调查对象，分布情况为 260 人、60 人、20 人、10 人。第一次发放问卷 330 份，回收 274 份，回收率为 83.1%；第二次发放问卷 330 份，回收 253 份，回收率为 76.7%。因属匿名问卷，两次问卷按电话号码后四位一一对应并剔除无效问卷后，剩余 202 个有效样本。为方便表述，本书以时间点 1 问卷与时间点 2 问卷来区分两次问卷发放，采用 T1 指代时间点 1 的数据，T2 指代时间点 2 的数据。样本的基本情况如表 7–3 所示，在有效匹配的 202 份样本中，有 140 名男性（69.5%）和 62 名女性（30.5%），受访者的年龄范围很广，从 22 岁到 57 岁；其中，大专及以上学历的人群占比为 94.5%。

表 7–3 样本情况

| 变量 | 最小值 | 最大值 | 均值 | 标准差 |
|---|---|---|---|---|
| 性别 | 1.00 | 2.00 | 1.30 | 0.428 |
| 年龄 | 22.00 | 57.00 | 31.98 | 7.052 |
| 婚姻 | 1.00 | 3.00 | 1.67 | 0.468 |
| 职称 | 1.00 | 5.00 | 2.67 | 1.057 |
| 收入 | 1.00 | 5.00 | 1.88 | 0.965 |
| 焦虑 $_{T1}$ | 1.00 | 4.67 | 2.2350 | 0.8082 |
| 焦虑 $_{T2}$ | 1.00 | 4.67 | 2.2182 | 0.7450 |
| 沮丧 $_{T1}$ | 1.00 | 4.33 | 1.4982 | 0.6406 |
| 沮丧 $_{T2}$ | 1.00 | 4.33 | 1.5531 | 0.6632 |
| 工作改变 $_{T1}$ | 1.00 | 4.80 | 2.5034 | 0.7571 |
| 工作改变 $_{T2}$ | 1.00 | 5.00 | 2.3814 | 0.7739 |

注：性别：1 = 男，2 = 女；
婚姻：1 = 未婚，2 = 已婚，3 = 其他；
职称：1 = 无职称，2 = 初级职称，3 = 中级职称，4 = 副高级职称，5 = 正高级职称；
收入：1 = 远低于行业一般水平，2 = 略低于行业一般水平，3 = 基本持平，4 = 略高于行业一般水平，5 = 远高于行业一般水平。

### 7.2.3 变量测量

Farh 等（2006）认为，在中国管理问题研究中，规范的量表开发方法有四种：翻译法、修改法、去情境化方法和情境化方法。在综合考虑各种方法的优劣后，本书选择使用修改法，即翻译已存在的量表并做细微修改以产生适用于中国背景的量表版本。本书选用发表在国际一流学术期刊上的焦虑情感、沮丧情感、员工创新量表，按照 Brislin 的建议进行双向翻译，并做细微修改。最终使用的工作压力与员工创新量表如表 7–4、表 7–5 所示。

表 7–4 工作压力量表

| 下面是针对您心里焦虑、沮丧情绪的提问，请在右边的相应空格内大打“√”，选择最符合实际的频次 | 从不 | 偶尔 | 一般 | 经常 | 一直 |
|---|---|---|---|---|---|
| 焦虑 | | | | | |
| 1. 你感到无法战胜困难吗 | | | | | |
| 2. 你经常感觉到压力吗 | | | | | |
| 3. 你由于担心而影响睡眠/失眠吗 | | | | | |

续表

| 下面是针对您心里焦虑、沮丧情绪的提问，请在右边的相应空格内大打“√”，选择最符合实际的频次 | 从不 | 偶尔 | 一般 | 经常 | 一直 |
|---|---|---|---|---|---|
| 沮丧 | | | | | |
| 1. 你完全失去信心，感到非常沮丧吗 | | | | | |
| 2. 你认为自己是个毫无价值的人吗 | | | | | |
| 3. 你会因为精神过度紧张而不能面对任何问题吗 | | | | | |

**表 7-5 员工创新量表**

| 下面是针对您心里焦虑、沮丧情绪的提问，请在右边的相应空格内大打“√”，选择最符合实际的频次 | 从不 | 偶尔 | 一般 | 经常 | 一直 |
|---|---|---|---|---|---|
| 为解决问题而做出的改变 | | | | | |
| 1. 最近两个月内，你为了解决问题而调整工作目标的频次 | | | | | |
| 2. 最近两个月内，你为了解决问题而改变工作计划、安排、任务次序的频次 | | | | | |
| 3. 最近两个月内，你为了解决问题而改变工作时间、节奏的频次 | | | | | |
| 4. 最近两个月内，你为了解决问题而改变工作方法、程序、技术路线的频次 | | | | | |
| 5. 最近两个月内，你为了解决问题而改变工作模式的频次 | | | | | |

压力包含压力源、压力感、压力反应等，本书从压力感着手测量压力。遵循Warr的分类框架，本书采用两种有差异的压力感测量，即焦虑和沮丧，焦虑属于负面的，有利的情绪；沮丧属于负面的，无利的情绪，焦虑表明员工心理激起程度较高，沮丧表明员工心理激起程度较低。这样做的目的是更全面地检验工作压力的作用机理和对员工创新的影响。

员工创新的定义是员工产生新颖和有用的思想，产品、服务或组织的过程，它是一个二维结构，包括新颖性和有用性，它的有用性体现在解决问题，包括管理类、技术类等各方面的问题，新颖性体现在工作的改变，如工作模式、工作方法、工作技术路线等的改变。

采用修改法编制问卷的风险是：如果对原有量表进行较多修改，则会生成一个不同的量表，可能会使测量结果发生偏差，因此，需要在中国背景下对新量表进行信、效度检验。如表 7-6 所示，各量表的克伦巴赫系数均大于通常的临界值 0.7，结果显示量表在中国文化情境中有良好的信度和聚合效度。

**表 7-6 克伦巴赫系数**

| 概念 | 变量名称 | 条目数 | 克伦巴赫系数（T1） | 克伦巴赫系数（T2） |
|---|---|---|---|---|
| 工作压力 | 焦虑 | 3 | 0.727 | 0.742 |
| | 沮丧 | 3 | 0.805 | 0.851 |
| 员工创新 | 工作改变 | 5 | 0.868 | 0.912 |

进一步地，对焦虑情绪、沮丧情绪、工作改变量表进行因子分析，结果如表 7-7 所示。因子分析的主要目的就是用少数几个因子去描述众多指标或变量之间的联系，将关系密切的几个变量归在同一类、形成一个因子，以较少的几个因子反映原始资料的大部分信息。本章进行因子分析的目的不仅是找出主因子，更重要的是知道每个主因子的意义，用以判断量表的信效度，因此，选择了常用的最大方差正交旋转法（Varimax）。最终因子分析结果显示，焦虑量表各题项、沮丧量表各题项、工作改变量表各题项分别载荷于不同的因子成分，可见量表具有很好的区分效度。

**表 7-7 因子分析**

| 量表题项 | 成分 1 | 成分 2 | 成分 3 |
|---|---|---|---|
| 焦虑 1 | | | 0.566 |
| 焦虑 2 | | | 0.891 |
| 焦虑 3 | | | 0.832 |
| 沮丧 1 | | 0.862 | |
| 沮丧 2 | | 0.849 | |
| 沮丧 3 | | 0.756 | |
| 工作改变 1 | 0.827 | | |
| 工作改变 2 | 0.859 | | |
| 工作改变 3 | 0.861 | | |
| 工作改变 4 | 0.868 | | |
| 工作改变 5 | 0.873 | | |

本书调查问卷包括性别、年龄、婚姻、职称、收入横比、焦虑、沮丧、工作改变等一系列内容。

为了避免其他变量影响工作压力与员工创新间关系的研究，选择如下控制变量：选择年龄、婚姻代表社会家庭方面的压力源；选择个人收入代表经济方面的压力源；结合中国实情，选择职称作为教育培训，工作经验方面的控制变量。其中，控制变量是指那些除了自变量之外的所有影响统计结果的变量，这些变量不是本书主要关注的变量。只有将自变量以外一切能引起因变量变化的变量控制好，才能更好地检验研究假设。

## 7.3 数据处理与假设检验

### 7.3.1 零阶相关矩阵

从零阶相关矩阵可以发现年龄对婚姻、职称、收入横比有显著性的影响，一般情况下，过了法定结婚年龄，年龄越大，已婚的可能性越大；随着年龄增长，工作年限也会相应增加，工作经验会越来越丰富，职称提升的可能性会更大；除此之外，员工在企业工作时间越久，所做贡献越多，收入也会越高。这些是符合常识的。

从零阶相关矩阵还可以看出，时间点 1 的焦虑对时间点 2 的焦虑和沮丧有显著影响，这说明员工在一段时间内的工作压力具有稳定性、不会突然改变；时间点 1 的焦虑对时间点 2 为解决问题而做出的工作改变有显著影响，这是后续回归分析的重要基础。

### 7.3.2 焦虑与员工创新的回归分析

采用回归分析检验焦虑对员工创新的影响：

第一步，将年龄、婚姻、职称、收入等控制变量放入回归方程，通过此步骤排除非工作压力因素对员工创新的影响；

表 7-8 零阶相关矩阵

| | 性别 | 年龄 | 婚姻 | 职称 | 收入横比 | 焦虑 $_{T1}$ | 焦虑 $_{T2}$ | 沮丧 $_{T1}$ | 沮丧 $_{T2}$ | 工作改变 $_{T1}$ | 工作改变 $_{T2}$ |
|---|---|---|---|---|---|---|---|---|---|---|---|
| 性别 | 1 | | | | | | | | | | |
| 年龄 | 0.050 | 1 | | | | | | | | | |
| 婚姻 | -0.094 | 0.589** | 1 | | | | | | | | |
| 职称 | -0.049 | 0.837** | 0.641** | 1 | | | | | | | |
| 收入横比 | 0.087 | -0.401** | -0.411** | -0.453** | 1 | | | | | | |
| 焦虑 $_{T1}$ | 0.080 | -0.171* | 0.081 | 0.190** | -0.065 | 1 | | | | | |
| 焦虑 $_{T2}$ | -0.076 | 0.085 | 0.105 | 0.120 | -0.096 | 0.491** | 1 | | | | |
| 沮丧 $_{T1}$ | -0.025 | 0.034 | 0.097 | 0.076 | -0.074 | 0.420** | 0.288** | 1 | | | |
| 沮丧 $_{T2}$ | -0.170 | -0.004 | 0.077 | -0.011 | -0.078 | 0.196** | 0.556** | 0.365** | 1 | | |
| 工作改变 $_{T1}$ | 0.050 | -0.058 | -0.065 | -0.062 | 0.077 | 0.278** | 0.140 | 0.103 | 0.135 | 1 | |
| 工作改变 $_{T2}$ | -0.025 | 0.025 | 0.068 | 0.122 | -0.011 | 0.166* | 0.331** | 0.110 | 0.294** | 0.219** | 1 |

注：相关系数显著性水平 * 表示 $p < 0.05$；** 表示 $p < 0.01$；*** 表示 $p < 0.001$；T1 代表时间点 1 采集的数据，T2 代表时间点 2 采集的数据。

第二步，放入自变量焦虑 $_{T1}$，验证其对员工创新 $_{T2}$ 的影响效应；

第三步，放入自变量焦虑 $_{T1}^2$，验证焦虑与员工创新的非线性关系。

研究焦虑与员工创新的倒“U”形关系，需要利用层次回归模型对平方项“焦虑 $_{T1}^2$”作分析。本书采纳 Aiken 和 West（1991）的建议先对变量进行了“均值定中”处理，然后相乘构造平方项。这种变换不会影响变量间的相关关系，而且能避免严重的多重共线性问题，可以更有效地研究平方项的影响效应。

表 7-9 工作压力（焦虑）—员工创新

| 因变量 | 员工创新 $_{T2}$ | 模型 1 | 模型 2 | 模型 3 |
|---|---|---|---|---|
| 第一步 | 常数 | | | |
| | 性别 | 0.002 | -0.011 | -0.039 |
| | 年龄 | -0.258 | -0.262* | -0.214 |
| | 婚姻 | 0.017 | 0.026 | -0.005 |
| | 职称 | 0.351** | 0.318* | 0.287* |
| | 收入 | 0.051 | 0.049 | 0.058 |

续表

| 因变量 | 员工创新 $_{T2}$ | 模型 1 | 模型 2 | 模型 3 |
|---|---|---|---|---|
| 第二步 | 焦虑 $_{T1}$ | | 0.152* | 0.262** |
| 第三步 | 焦虑 $_{T1}^2$ | | | -0.265* |
| | $R^2$ | 0.037 | 0.059 | 0.088** |
| | $\Delta R^2$ | 0.037 | 0.022* | 0.029** |

注：相关系数显著性水平 * 表示 $p<0.05$；** 表示 $p<0.01$；*** 表示 $p<0.001$；T1 代表时间点 1 采集的数据，T2 代表时间点 2 采集的数据。

由回归分析结果可以看出控制变量职称，自变量焦虑 $_{T1}$，以及平方项焦虑 $_{T1}^2$ 对于因变量工作改变都是显著的，则可得出方程：

$$Y_{创新\ T2}=0.287X_{职称}+0.262X_{焦虑\ T1}-0.265X^2_{焦虑\ T1}$$

由于职称属于控制变量，所以在计算过程中，将控制变量视为零，则可得出工作压力（焦虑）与创新之间的关系式为：

$$Y_{创新\ T2}=0.262X_{焦虑\ T1}-0.265X^2_{焦虑\ T1}$$

它属于一元二次方程，再根据上面的回归方程，分别取该方程的最高点（0.571，0.0632），原点（0，0）以及与原点关于对称轴 X = 0.494 对称的点（1.01，0），运用描点法画出工作压力（焦虑）与工作改变的函数图像，其结果如图 7-1 所示。

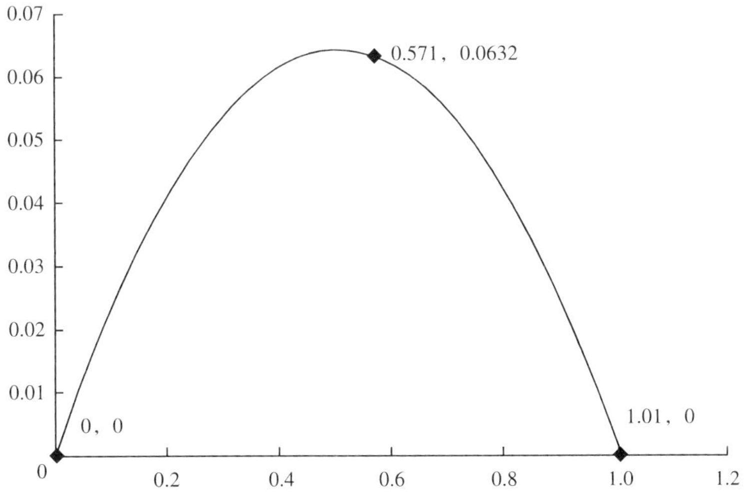


**图 7-1 工作压力（焦虑）—员工创新关系**

回归分析结果表明，时间点 1 焦虑的平方对时间点 2 的员工创新有显著影响，通过曲线图可以看出焦虑与员工创新呈现倒“U”形关系，说明工作压力过低或者过高，员工的创新行为都不足，只有在适度工作压力下，员工更容易产生创新。适度压力下，员工的发散思维不那么僵化，且能将注意力集中于某项任务，持续努力，提出创新方案；工作压力过高会导致员工的思维僵化、局限，不会产生变异性新想法；工作压力过低，则使员工的思维过度发散，与当前的工作无关。简言之，回归分析结果支持假设 1。

### 7.3.3 沮丧与员工创新的回归分析

采用回归分析检验沮丧对员工创新的影响：

第一步，将年龄、婚姻、职称、收入等控制变量放入回归方程，通过此步骤排除非工作压力因素对员工创新的影响；

第二步，放入自变量沮丧 $_{T1}$，验证其对员工创新的影响效应；

第三步，放入自变量沮丧 $_{T1}^2$，验证沮丧对员工创新的非线性影响。

谨慎起见，本研究对沮丧与员工创新的倒“U”形关系进行了检验。本书采纳 Aiken 和 West 的建议先对变量进行了“均值定中”处理，然后相乘构造平方项。这种变换不会影响变量间的相关关系，而且能避免严重的多重共线性问题，可以更有效地研究平方项的影响效应。如表 7-10 所示。

**表 7-10 工作压力（沮丧）—员工创新**

| 因变量 | 员工创新 $_{T2}$ | 模型 1 | 模型 2 | 模型 3 |
|---|---|---|---|---|
| 第一步 | 常数 | | | |
| | 性别 | 0.002 | 0.002 | 0.002 |
| | 年龄 | -0.258 | -0.246 | -0.228 |
| | 婚姻 | 0.017 | 0.009 | -0.002 |
| | 职称 | 0.351** | 0.341** | 0.342** |
| | 收入 | 0.051 | 0.055 | 0.053 |
| 第二步 | 沮丧 $_{T1}$ | | 0.096 | 0.247** |
| 第三步 | 沮丧 $_{T1}^2$ | | | -0.205* |
| | $R^2$ | 0.012 | 0.017 | 0.031 |
| | $\Delta R^2$ | 0.037 | 0.009 | 0.019* |

注：相关系数显著性水平 * 表示 $p < 0.05$；** 表示 $p < 0.01$；*** 表示 $p < 0.001$；T1 代表时间点 1 采集的数据，T2 代表时间点 2 采集的数据。

根据回归分析结果可以看出控制变量职称，自变量沮丧$_{T1}$，以及平方项沮丧$_{T1}{}^2$对于因变量工作改变的作用都是显著的，则可得出方程：

$$Y_{创新T2}=0.342X_{职称}+0.247X_{沮丧T1}-0.205X^2_{沮丧T1}$$

由于职称属于控制变量，所以在计算过程中，将控制变量视为零，则可得出工作压力（沮丧）与创新之间的关系式为：

$$Y_{创新T2}=0.247X_{沮丧T1}-0.205X^2_{沮丧T1}$$

根据上面的回归方程，分别取该方程的最高点（0.415，0.0672），原点（0，0），以及与原点关于对称轴 X＝0.602 对称的点（0.829，0），运用描点法画出工作压力（沮丧）与工作改变的函数图像，其结果如图 7–2 所示。

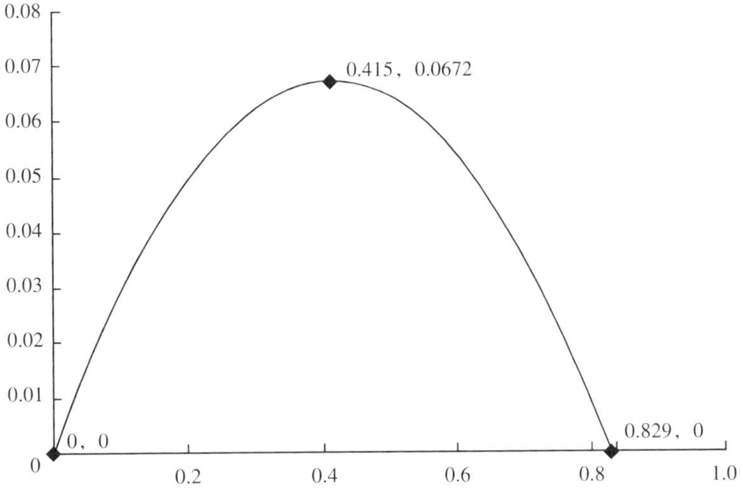


**图 7–2　工作压力（沮丧）—工作改变关系**

回归分析结果表明，时间点 1 沮丧对员工创新有显著影响，而通过曲线图可以看出沮丧与员工创新呈现倒“U”形关系，即沮丧过低或者过高，员工的创新行为都不多，只有适度压力下，感到中度沮丧的员工更易产生创新。回归结果与假设 2 不符，值得深入讨论。

# 7.4 结果讨论

## 7.4.1 焦虑对员工创新的影响

焦虑与员工创新间存在倒“U”形关系，这符合创新双路径模型的预期。当员工面对的压力小、焦虑低时，员工认知灵活性强但认知持久性低，想法新颖但有用性低，所以整体创新水平较低；当工作压力达到一定程度时，员工的认知灵活性略有下降但认知持久性增强，能针对问题提出新颖且有用的建议，员工创新程度最强；当工作压力越来越高，员工的认知灵活性严重下降，思维僵化，尽管认知持久性很强，能专注于当前问题，但很难提出新思想和新方案，则员工创新程度也较低。

焦虑与员工创新间存在倒“U”形关系，从工作压力由小到大发生变化的视角扩展了创新双路径模型。创新的双路径模型是基于静态视角的模型，该模型仅指明了工作压力影响员工创新的两条路径，而没有阐释工作压力变化时，认知灵活性和认知持久性路径交互作用。焦虑与员工创新间倒“U”形关系的发现则弥补了这一不足，对双路径模型进行了有益扩展。

## 7.4.2 沮丧对员工创新的影响

沮丧与员工创新间存在倒“U”形关系，这与本章研究假设不符，超出了创新双路径模型的预期。双路径模型中，无论认知灵活性还是认知持久性，都需要一定的心理能量作支撑，但沮丧是负面的且心理激起程度低的一种情绪，沮丧意味着缺乏能量、消极面对问题。因此，根据双路径模型的预测，沮丧情绪无助于员工创新。然而，实证研究发现沮丧与员工创新间存在倒“U”形关系，说明沮丧有促进员工创新的可能，这需要从双路径模型之外寻找解释。

沮丧有可能带来反省。当员工遇到工作难题，并且运用以往经验和手段都无法解决问题时可能会感到沮丧；沮丧促使个体进行自我反思，继而否定原来的方法；员工通过反省后可能转变思路和方法，这种转变有可能是一种创新，即否定原先的做法、转向新颖而有用的方案解决当前面临的难题。沮丧—反思—转向—创新模式与颠覆式创新类似。颠覆式创新的概念是在 1997 年由美国学者 Christensen 提出的，它与常规性创新、渐进式创新的模式不同，而是对以往主流思想、方法的颠覆，实现从原有模式完全蜕变为一种全新模式的过程。

基于沮丧—反思—转向—创新这一模式认识沮丧与员工创新间的倒“U”形关系。压力情境中，员工产生沮丧感，会对传统的方法进行反思，此时更容易放弃以往经验，转而找寻新的途径，这有助于突破原有模式，实现创新。进一步，当沮丧程度较低时，情绪所提供的信息不足以完全否定当前的做法，因而无法实现反思、转向和创新；当沮丧程度较高时，这种情绪可能击溃员工对传统方法的信心，这促使员工反思然后转换意向，提出新颖有用的观点，解决当前问题，实现创新；当员工非常沮丧时，有可能失去所有的信心和尝试的兴趣，一直处于消沉状态，放弃所有想法。就像生活中受到重大挫折的人一样，往往会一蹶不振。

## 7.5 本章结论与展望

### 7.5.1 研究结论

本章基于创新的双路径模型，采用纵贯研究设计，对来自工程师和咨询师的数据进行回归分析，检验了工作压力（焦虑、沮丧）对员工创新的影响，得出了以下结论：

（1）工作压力具有积极的效应，适度的工作压力可以促进员工创新。以往工作压力研究大多数考察了压力的危害，本章从员工创新视角出发考察了工作压力的积极效应，发现适量的工作压力有助于员工调整工作目标、改变工作计划和安排、改变工作时间和节奏、改变工作方法和技术路线、改变工作模式，通过创新完成工作任务。

（2）焦虑对员工创新有促进作用，并且与员工创新呈现倒“U”形关系。焦虑对员工创新的影响机理符合并且扩展了创新双路径模型，即随着工作压力由小变大，员工的灵活性会逐渐降低，而持久性会逐渐增强，导致创新的新颖性和有用性也随之发生变化，由于创新是二维结构，新颖性和有用性两者缺一不可。在中度焦虑情况下，认知灵活性和认知持久性达到最优匹配，员工创新水平最高。而焦虑过低或者过高的情况，要么有用性较低要么新颖性较低，导致员工创新水平较低。简言之，随着焦虑由小到大的变化，员工创新呈现低—高—低的变化。

（3）沮丧对员工创新有促进作用，沮丧与员工创新也呈现倒“U”形关系。沮丧是一种负面的、心理激起程度低的情感，沮丧对员工创新的影响机理与焦虑不同。沮丧对员工创新的影响类似颠覆式创新，可能遵循“沮丧—反思—转向—创新”的模式。当面对压力、产生沮丧感时，员工会进行反思、放弃原有做法，转而探索新途径，从而实现创新。沮丧与员工创新间倒“U”形关系的发现，进一步丰富了工作压力积极效应研究。

### 7.5.2 实践建议

基于实证研究结果，对管理者如何更好地利用工作压力机制，促进员工创新提出如下建议：

首先，管理者要全面正确认识工作压力的作用，工作压力既有消极一面也有积极一面。管理实践中，要采取相应措施避免工作压力的消极作用，更要充分发挥工作压力的积极效用。工作压力与员工创新之间的倒“U”形关系说明，管理者可以适度增加员工压力，促进员工创新；而不是对工作压力一概排斥，一味寻求降低员工工作压力。

其次，管理者应鼓励和支持员工展开持续探索。DPCM 提出认知持久性路径是工作压力情境中员工实现创新的重要路径，本章实证结果显示，适度焦虑可以促进创新。管理者可以将困难任务分解成更小的、更易于管理的部分，避免员工感到过高的工作压力；管理者向员工提供岗位培训，帮助员工获得更多的知识技能，提高员工的胜任素质力；管理者可以向员工提供更多的资源和社会支持，或者制定关于创新的奖励政策，促进员工在压力情境中不断探索、不断尝试，直至实现创新。

最后，管理者应适时引导员工放弃陈旧、传统的做法，积极寻求新的突破。

本章研究表明，压力情境下反思和转向有可能带来创新。管理者应鼓励员工提出新思路、尝试新做法，及时反馈给员工在创造性任务上的表现，促使员工随时更改不合时宜的做法，避免墨守成规，最终将员工引向创新。

### 7.5.3 研究展望

本章存在如下局限性，期待后续研究能弥补不足：

首先，研究样本有局限。本书采用西安 4 家单位的工程师、咨询师为样本，选样选择的地域、职业受限制，这有可能影响研究结论的普适性。

其次，工作压力的测量不够全面。本书选择焦虑和沮丧作为工作压力的操作变量，焦虑代表负面的，心理激起程度高的压力感；沮丧代表负面的，心理激起程度低的压力感，后续研究可以尝试疲劳感等变量，以检验研究结论的稳健性。

最后，有关沮丧对员工创新的影响机理的解释不够充分，“沮丧—反思—转向—创新”的解释虽然符合常理，但缺乏一定的理论支持，有待进一步完善。

# 8　工作压力对员工学习的影响研究

工作压力对员工学习有着积极影响。本章回顾了工作压力相关的调查与史实，指出工作压力具有积极一面；以 Karasek 工作要求—控制模型的学习假设、工作压力的控制模型、班杜拉的亲历与观察学习理论为基础，提出工作压力正向促进员工学习，积极主动个性调节两者关系的假设；以西安 2 家研究所、2 家咨询公司的工程师、咨询师为调研对象，间隔 3 个月收集 202 份纵贯数据；采用 SPSS 软件进行回归分析发现：对高积极主动员工而言，高工作压力将导致高亲历学习；无论积极主动性高或低，高工作压力都将促进高观察学习。研究表明：

（1）亲历式的、“试错—联结”学习需要一定的条件，工作压力促进员工学习的结论仅适用于部分员工。此结论协调了压力学习领域的争议，扩展了 Karasek 模型的学习假设。

（2）工作压力正向促进观察学习。该研究开辟了新的领域，促使工作压力研究者将目光从试错学习转移到更为重要的观察学习。基于实证研究结果，本章向管理者提出了压力和学习管理建议。

## 8.1　模型与研究假设提出

### 8.1.1　工作压力的积极一面

工作压力已成为影响员工健康的主因。2017 年，中国青年报社联合中国科学院青年创新促进会开展了“青年科研人员生存发展状况调查”，结果显示

54.5%的青年科研人员认为工作压力过大，已经影响工作效率和身心健康。汇博网开展的一次调查显示，感到工作压力很大的人群中“80 后”占比最多。2018 年 3 月 21 日在世界睡眠日当天发布的《2018 中国互联网网民睡眠白皮书》显示，工作压力大已经成为影响睡眠质量的“罪魁祸首”，七成互联网用户深受其影响，超 58%的网友表示会牺牲睡眠时间完成最重要的工作。

然而回顾历史，压力亦表现出其积极的一面。近代中国民族危机深重，面对民族存亡的压力，无数仁人志士开始了探索和学习。1840 年第一次鸦片战争爆发，英国侵略者打开了中国的大门，逼迫清政府签订了一系列不平等条约。国难当头，学者魏源第一个提出了“师夷长技以制夷”的观点，主张向西方学习火炮等方面的先进科学技术以防御其侵略。1860 年第二次鸦片战争，洋务派登上历史舞台，他们引进西方先进的科学技术开始了“西学东渐”。1895 年中日甲午战争后，康有为、梁启超等资产阶级维新派站了出来，他们学习了西方的君主立宪政治制度。1900 年八国联军侵华战争，中国完全沦为半殖民地半封建社会，以孙中山为代表的资产阶级民主革命派向西方学来了资产阶级民主共和国的政治方案。不难看出，民族存亡压力让国人将不断探索和学习，直至寻找到马列主义并将之与中国实践结合。

压力不仅对一个国家和民族的发展有积极作用，还能促进个体的成长和发展。Park、Cohen、Murch（1996）对 506 名大学生的调查中发现，压力事件使学生获得了成长。经过压力事件的学生报告：“我开始和某人建立了深厚的、有价值的朋友关系”“我学会了如何尊重他人的情感和信念”“与他人的关系比以前更好了”“我重新思考，我如何过我的生活”“我学着接受新的信息和思想”“我试着影响和改变外界环境”“我学会了更好地表达自己情绪的方式”“我学会处理麻烦，那些麻烦事对我来说不再是麻烦了”“我学会了克服困难，而不是放弃”。简言之，压力事件有可能改变人们对自我和世界的认知，增强人们的社会关系，提升人们的技能，使之更好地应对未来的压力。中国传统文化中，基于道家朴素辩证法的管理哲学，“居安思危”“失败乃成功之母”等格言也蕴含着压力可以促进适应和学习的道理。

理论研究中，Karasek 曾在 1979 年对工作压力与学习的关系进行了阐述。Karasek 工作要求—控制模型假设：要求高但控制低的工作将导致消极的学习；

要求高且控制高的工作将导致积极的学习，提升员工的掌握感。虽然模型提出了令人印象深刻的理论假设，但在很长一段时间内，实证研究相对不足。尽管 Karasek（1979）曾提过"发展新行为模式的学习动机""有效的学习""主动学习""掌握的感觉"等众多概念，但后续研究者并不清楚应该用什么概念来检验主动学习假设。

在 Parker 和 Sprigg（1999）带动下，研究人员逐渐将视线转移到工作压力对员工学习这一积极效应的研究中，与学习有关的结果变量主要集中在学习行为、学习动机、掌握感、基于工作角色的自我效能感等方面。随着实证研究的开展，部分学者发现工作压力会降低员工的信息处理效率，而信息处理在学习早期阶段是至关重要的。压力所导致的负面情绪会抑制理解和尝试，从而减少学习。Colquitt 等（2000）发现，压力和考试成绩、技能习得之间存在负相关关系。Holman 与 Wall（2002）在测试了各类工作特性与学习、压力的关系后更是提出"压力抑制学习"的观点，否定了压力对学习的正面作用。Taris 等（2003）则基于 Karasek 模型的主动学习假说，采用纵贯数据发现，随着时间推移工作要求、控制朝着积极性工作（高工作要求、高工作控制）的方向转变，学习水平必然提升。Feij 等（2004）亦获得了类似的发现。

工作压力积极效应的研究方兴未艾，特别是工作压力对员工学习的影响机理值得深入探索。过去很长一段时间内，学者们对于工作压力的积极效应关注不足。Vander Doef 等在其综述文章中呼吁，未来研究应更多地关注压力积极的一面。我国学者于文宏、李焰（2006）在他们的研究中也提出，就已有研究的结论而言，大多数主要关注的是工作压力的消极影响，尤其是对个人的生理、心理和行为方面以及对企业工作效率的负面作用，而对压力的正向作用研究较少。进一步地，以往研究更多关注工作压力对绩效、创新等因素的积极影响，仅有少部分文献探究了工作压力对学习的正面作用，并且这些研究中的"学习"概念均存在一定局限性，未能将其细分。最后，相互矛盾的实证结果暗示，工作压力促进员工学习是存在一定条件的。

本章将依据班杜拉提出的亲历学习与观察学习等理论界定员工学习，并对员工学习进行细分，尝试发现工作压力对两者影响机理的差异，引入积极主动个性探究这一变量对工作压力与员工学习关系的调节作用，查明压力促进学习的重要条件。

### 8.1.2 员工学习的研究综述

表 8-1 简述了桑代克、斯金纳和班杜拉有关学习的定义，有关学习的定义不断丰富。

表 8-1 学习的定义

| 提出者 | 学习的定义 | 理论内容 | 实验基础 |
|---|---|---|---|
| 桑代克 | 学习过程就是逐渐尝试、犯错的过程，当错误反应渐渐地减少，正确反应渐渐地增加，最终会达到一个稳定的“刺激—反应”的联结。心理就是联结系统，学习即一种经试错后的稳定联结 | “试错—联结”学习理论 | “饿猫开迷笼”实验 |
| 斯金纳 | 学习是通过操作性条件反射，形成反应与情境刺激的联结，从而获得行为经验的过程。几乎所有情境下的学习都可以看作是在操作条件作用下获得的经验 | 斯金纳“操作性条件反射学习理论” | 斯金纳箱 |
| 班杜拉 | 学习分为亲历学习、观察学习。亲历学习是个体对刺激做出反应并受到强化而完成的学习过程；观察学习是个体通过观察榜样在处理刺激时的反应及其受到强化而完成学习的过程 | 班杜拉的社会学习理论 | 儿童攻击玩具娃娃的实验 |

桑代克提出了“试错—联结”学习理论。他认为人类由动物进化而来，因此动物和人类的学习机理是相似的，尽管学习的复杂程度不同。他对动物学习进行了大量实验研究，其中最著名的实验是“饿猫开迷笼”实验。将一只已经饿到发慌的猫关在迷笼里，笼子内部有一个能够开门的旋钮，笼外不远处放置着一个装着鱼的盘子。多次反复试错后，饿猫逃出迷笼所用时间越来越少，它渐渐地懂得了哪些动作没有用、哪些动作有用。由此，桑代克得出结论：猫的学习是经过多次的试错，由刺激情境和正确反应之间形成的联结构成的。桑代克依据对于动物学习的实验结果，提出了准备律、练习律、效果律等学习规律。

斯金纳（1982）提出了“操作性条件反射”学习理论。他认为个体自发做出的某行为由于受到强化，而提高了该行为在类似情境中发生的可能性，形成了反应和情境的联系。基于斯金纳箱（一种阴暗的隔音箱）的一系列实验发现，最初属于自发的行为如坐、站等，在后来由于受到强化便在特定情境中有目的地发生。斯金纳主张，通过操作性条件反射建立反应与情境刺激的联结，完成行为经验的学习。

班杜拉对桑代克的“试错—联结”学习和斯金纳的“操作性条件反射”学习进行了批判性回顾，认为人类仅有亲历式的试错学习是不够的，他通过一群儿童攻击玩具娃娃的实验，发现儿童可以只通过观察他人行为而习得新的反应，并因此定义了“观察学习”。观察学习表明人类可以在不需要奖励，也不需要惩罚的条件下获得新行为模式，并且不必要通过一遍遍地尝试错误就能掌握复杂的行为。

本章研究将遵循班杜拉对学习的分类框架，从亲历学习和观察学习两方面考察工作压力积极影响。亲历学习指个体从亲身经历过的失败或成功中总结教训。在组织环境中，员工的亲身经验提供了来自内部与外部的反馈信息，内部反馈信息如员工的心理感受，外部反馈如上级、同事、客户等给予赞扬、批评等。内外部反馈信息告诉员工应如何改变以达成目标、完成任务。通过亲历学习，员工积累了经验，可以预防问题发生。观察学习指榜样展现出个体所不具有的行为模式，个体通过观察他们行为的变化过程进行学习，从而也拥有同样行为模式的过程。观察学习是一个信息加工的过程，观察学习主要包含注意过程、保持过程、生成过程和动机过程四个环节。

### 8.1.3 工作压力促进员工学习的理论解释

Karasek（1979）提出的工作要求—工作控制模型对工作压力与员工学习的关系提出了基本论断，该模型将工作环境描述为工作对员工的要求和员工所拥有的控制，高/要求与高/低控制两两组合区分了四种压力情境，表 8-2 展示了不同情境下的员工学习水平预测。

表 8-2 Karasek 模型中有关工作压力与员工学习的论断

| 工作压力情况 | 员工学习情况 | 员工学习水平 |
|---|---|---|
| 高工作要求+高工作控制 | 高工作要求意味着工作难题或艰巨任务，高工作控制意味着员工有较高的自主权、能获得及时的信息反馈、有较多的应对资源，因而可以不断尝试，进行试错学习。员工学习行为和掌握感可能会随之产生；Karasek 和 Theorell 认为，此种情况下会出现健康的身心状况和积极学习 | 最高 |
| 低工作要求+高工作控制 | 低工作要求意味着较低难度的工作或者一般性任务，高工作控制意味着员工有高自主权、较多的应对资源，尽管问题相对容易、任务相对简单，但也为员工提供了学习的机会，员工可以利用高工作控制探索应对工作要求的不同方式，故预期这类工作会导致中等水平的学习 | 中等 |

续表

| 工作压力情况 | 员工学习情况 | 员工学习水平 |
| --- | --- | --- |
| 高工作要求+低工作控制 | 高工作要求意味着工作难题或艰巨任务，而低工作控制则意味着员工没有自主权、没有应对资源，因此，员工心理激起较高却难以试错、难以获得有效的信息反馈，因此会产生高水平的压力和相对低水平的学习 | 低 |
| 低工作要求+低工作控制 | 高工作要求意味着工作难题或艰巨任务，而低工作控制则意味着员工没有自主权、没有应对资源，即工作提供给他们有关学习和个人成长的机会也非常少。根据 Karasek 的观点，这样的消极工作甚至导致“负学习”或先前习得技能由于无法应用于实际工作而逐渐遗忘和丧失 | 最低 |

不难看出，Karasek 模型将高工作要求视作员工学习的机会，将高工作控制视作员工抓住机会进行试错学习的能力或资源，其学习观在很大程度上与桑代克的“试错—联结”学习类似。在观察学习已成为人们主要学习方式的现代社会，Karasek 模型的学习观暴露出一定的局限性。如图 8-1 所示。

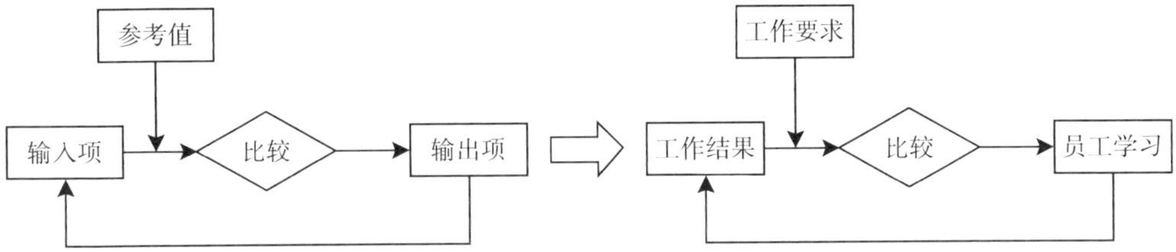


**图 8-1　压力控制模型的推导**

Carver 和 Scheier（1982，1998）援引控制理论对个体行为做出解释，此模型包含如下要素：一个输入项，即个人对自身的状态或所处环境的看法；一个参考值，即个人的愿望，价值或目标；比较，即对输入项与参考值进行的比较；输出项，即个体行为。控制理论认为，当个体检测到输入项和参考值之间的差异时，输出功能即行为被激活，行为的目的在于消除这种差异。

Edwards（1992）利用上述控制理论发展出压力过程的控制模型，认为当个体体验到输入值和参考值之间的差异时，压力就会发生，进而对个体产生影响，促使个体做出行为反应，即输出项。模型中的关键是输入值与参照值之间的差异体验，也就是本章所关注的工作压力；而输出项有可能是员工为了消除差异所进行的努力，如学习。

Fay 和 Sonnentag（2002）进一步发展了 Edwards 的压力过程控制模型，更好地解释了工作压力对员工学习的影响机理。Edwards 的模型中仅指出个体会对感知到的差异即压力做出当下的行为反应，而没有将人的主观能动性考虑在内。Fay 和 Sonnentag 认为，人类有能力思考未来，因此能够预测未来的差异。一个屡次经受目标未能实现的压力的个体，能够预测到将来有很大的概率会再次承受这种压力。这种预期允许个人对压力源采取预防措施，以避免差异出现。Fay、Sonnentag 通过考虑个体主观能动性和增加输出项的方式将 Edwards 的相对消极的压力控制模型改造为更积极的模型，使人们更好地理解压力的积极效应。

可以用一个例子来说明 Edwards 与 Fay 和 Sonnentag 理论的差异。例如，在实际生活中，机器操作员使用的机器在换班期间多次故障，因此他不得不花费时间找人员维修并重新启动机器，这直接导致了他工作进度落后。此时他能察觉到自己生产的件数（输入项）与自己期望的目标（参考值）之间存在差异，这种差异让他认识到自己已经落后了并可能陷入麻烦（压力体验）。那么，根据 Edwards 的模型，感知到的差异和压力会激活行为，如该员工可能努力加速弥补失去的时间；而根据 Fay 和 Sonnentag 的模型，员工预期这一问题可能再次发生，因而会主动做出改进避免再次出现这种情况，如机器操作员可以要求修理人员教他如何修理机器。

与 Karasek 的模型相比，Fay 和 Sonnentag 的模型更具包容性，适用于不同的学习理论；Edwards、Fay 和 Sonnentag 的模型更强调人的主观能动性，更适合考察工作压力的积极效应。

### 8.1.4 研究假设

以控制模型为基础，考察员工在工作压力情境中的亲历学习行为。员工的实际工作结果即相当于模型的输入项，组织对员工所提的工作要求或者员工预设的工作目标即为参考值，在将输入项与参考值二者进行分析比较后，员工会发现各种工作问题，从而感受到压力。根据控制理论，此时应对行为被激活，员工会采取行动着手解决这些问题，以消除与参考值对比产生的差异。

开始员工会变化方法、进行尝试，初期一系列尝试可能并不奏效，甚至员工会不断地碰壁、犯错。随着这种亲历性的尝试或练习的次数增多，他们对于在某项工作中的错误反应逐渐减少，正确的反应逐渐增加，最终达到一个稳定的状态，实现工作任务—新方法的联结。因此，根据控制理论，当实际工作结果与工作目标存在偏差时，员工会通过试错、亲身经历的方式来掌握新的知识技能，最终达到解决工作问题。

Karasek 模型中有关员工学习的观点与桑代克的试错学习、班杜拉的亲历学习是一致的。工作要求在客观上被视为一种学习机会，当员工的工作控制水平较高时，意味着工作允许员工进行自由尝试，此时他们可以通过试错的方式寻找更有效率的方法，进而获得有关工作的新知识、新技能；当工作控制水平较低时，尽管员工有缩小差距、消除压力的动力，但没有试错的机会与亲身经历的可能，因而也不能进行亲历学习。

需要说明的是，根据 Karasek 模型和 Taris 等的研究，工作压力促进员工亲历学习，需要高工作控制。如今，随着管理理论的发展与管理实践的改进，员工所拥有的工作自主权正在不断扩大。组织行为学方面研究表明，员工拥有的自主权越多，越有利于提升工作满意度和业绩。管理者也逐渐明白，并赋予员工比过去更多的自主权以提升其积极性，卓越的企业更是如此。比如谷歌推出“20%自由创新时间”计划，就是采用弹性工作制、远程办公、工作上一定的自由度等让员工自由发挥。本章的研究对象“工程师、管理咨询师”，因为职业特殊性，也拥有着相对更高的工作控制水平。工程师以项目为周期开展工作，可以在项目进程中自己控制工作时间和进度，有很大工作自主权；而管理咨询人员的工作也与不同的咨询项目有关，咨询工作如何开展是由咨询师根据不同企业的实际情况来自主安排的。因此，本章研究样本的工作控制水平较高，符合 Karasek 模型中搞工作控制的情况。

综上所述，根据工作压力的控制理论和亲历学习、试错学习理论，本章认为工作压力为员工亲历学习提供了机会，员工可以通过亲自试错来进行学习。

基于上述分析，提出假设 1：工作压力与亲历学习显著正向相关。

鉴于在文献回顾中发现工作压力与员工学习间关系存在争议，本章拟从个体差异视角开展研究，引入积极主动个性作为调节变量，以期调和争议。Grant、Ashford（2008）和 Fuller、Marler（2009）在总结前人研究基础上提出的积极主动个性的概念，含自我发动、寻求改变、未来导向三要素。本章认为，高积极主动个性的员工会将工作压力视为一个控制系统，充分利用工作压力的反馈信息，启动亲历学习机制；而低积极主动个性的员工则不会如此。

具体来讲，高积极主动个性员工是自我发动的，他们会在工作中主动寻求有关工作的反馈信息，因此会主动地将自己的工作结果与参照标准进行对比，进而发现差距，体验到压力感，进行亲历学习。相反，对低积极主动个性的员工来说，他们被动地接受关于工作的一切，等到必须要对偏差做出调整的时候才会采取行动，不会考虑未来可能发生的事情并预先做一些准备，即他们没有亲历学习的动机，反而把这种偏差——工作压力当成“麻烦”。

高积极主动个性的员工是寻求改变的，当他们在工作中发现自己的工作结果与参照标准存在差距，会努力减小及消除这种差距，他们会尝试新的方法，学习新的东西；相反，低积极主动个性的员工不愿意改变。Parker、Bindl 等（2010）研究发现，当其工作结果与参照标准发生了偏差，低积极主动个性员工通常会说“这不是我的工作”，很少采取实际行动改变现状。

高积极主动个性的员工是以未来为导向的，当偏差出现时，他们不仅希望把当前工作的不足之处查明，把问题搞懂，并且希望以后能够避免这种情况再次发生，因此他们会亲历学习，试错总结，掌握更多的知识、技能以满足未来的需求；而低积极主动个性的员工倾向于孤立地看待当前的工作问题，他们并不考虑改进现有偏差与完成未来工作任务之间的关联，他们的着眼点在当下而不是未来。

基于上述分析，提出假设 2：积极主动个性对工作压力与亲历学习间的关系有显著调节作用；对于高积极主动个性的员工，工作压力对亲历学习有显著正向影响。

工作压力可以促进员工亲历学习，进而解决或预防问题；但实际工作中，亲历学习往往难以实施。当组织要求在短时间内完成某个特定的任务，或工作本身的复杂程度较高又或者工作量较大时，员工实际上没有时间、精力通过亲历方式进行学习。再者，试错学习的可能成本过大，使员工对于亲历学习的渴望根本无法实现。这种情况下，寻找榜样、进行观察学习无疑成为员工的最佳选择。

根据控制理论，当员工将实际工作结果与参考值进行对比后，会发现各种工作问题，从而感受到压力，应对行为因此被激活。由于亲历或者试错方式的学习成本过大或者无法实现，员工将目光转向他人，开始观察学习的第一个过程即注意过程。在这一过程，员工注意并且感知示范者行为的显著特征及相关的环境信息。特别地，这里的注意是一种“选择性注意”，员工一方面选择注意的示范行为，另一方面选择关注的示范者（榜样）。根据班杜拉的社会认知论，当行为的价值还没有立竿见影地得到体现时，员工可能会调整关注对象，将注意力转向公认为有影响力的示范者。然后是观察学习的第二个过程，员工利用抽象符号将观察到的各种信息保持在大脑中，以捕获被示范的活动的重要结构和特征，此即保持过程。此时，他们会体验到掌握的感觉，并且想要将观察习得的行为技能等展现出来。其次是员工开始模仿练习、不断地调整实际行为，此即生成过程。最后是动机过程，当没有诱因时，个体可能获得并保持了准确地执行被示范行为的能力，却不一定会表现出来；当出现诱因时，他们会将观察学习迅速地转变成实际行为。

综上所述，压力情境中，缩小或者消除实际工作结果与组织要求或自身预设的参考值之间的差距成为员工观察学习的最大的动力；在这一动力的作用下，员工会经历注意、保持、生成一系列的过程，当再次遭遇压力情境时，员工将成功地展现通过观察而习得的行为，解决工作问题。

基于上述分析，提出假设 3：工作压力与观察学习显著正向相关。

鉴于在文献回顾中发现工作压力与员工学习间关系存在争议，本章拟从个体差异视角开展研究，引入积极主动个性作为调节变量。高积极主动个性的员工会将工作压力视为一个控制系统，充分利用工作压力的反馈信息，启动观察学习机制；而低积极主动个性的员工则不会。

具体来讲，高积极主动个性员工是自我发动的，他们会在工作中主动寻求有关工作的反馈信息，主动地将工作结果与参照标准进行对比，发现差距，进行观察学习；相反，对低积极主动个性的员工来说，他们被动地接受关于工作的一切。高积极主动个性的员工是寻求改变的，当他们在工作中发现自己的工作结果与参照标准存在差距时，会努力向榜样学习以减小及消除这种差距；相反，低积极主动时个性的员工不愿意改变。高积极主动个性的员工是以未来为导向的，当偏差出现时，他们不仅希望把当前工作的不足之处查明，把问题搞懂，他们会注意观察那些工作绩效高的同事，向他人学习，以掌握更多的知识、技能满足未来的需求；而低积极主动个性的员工会有一种得过且过的短期心态。

基于上述分析，提出假设 4：积极主动个性对工作压力与观察学习间的关系有显著调节作用，对于高积极主动个性的员工，工作压力对观察学习有显著正向影响。

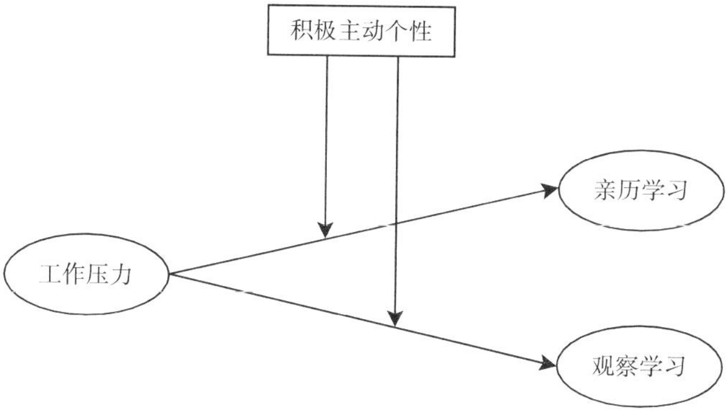


图 8-2 研究框架

## 8.2 研究方法

### 8.2.1 方法概述

横截面研究（Cross-sectional Study）和纵贯研究（Longitudinal Study）是两种常用的实证研究设计。本章不同于以往研究所采用的横截面研究设计，而是通过两波数据采集、使用纵贯研究设计考察工作压力对员工学习的积极效应。

横截面研究多使用同一份问卷、在同一时间采集有关自变量和因变量的数据信息进行统计研究。其主要优点是一次性数据采集，人力、财力的耗费较小。换言之，同样的研究经费可以采集到更多的横截面数据。其主要缺点是，使用在同一时间点采集的数据检验因果关系假设时不可靠。一般认为，因果关系具有时序性，即必先有因，后才有果，两者的时间有先后，顺序不能颠倒，故使用同一时间采集的数据来检验有时序性的因果关系假设是不合适的。

纵贯研究一般对同一样本进行两次或两次以上的调查，获取不同时间点的数据。纵贯数据的主要优势是能够反映出事物的发展变化过程、对因果关系假设的检验提供有力支持。但是，纵贯数据需要多次采集，所采集数据必须一一对应使用，因此花费的成本相对较大，在经费支持条件相同的情况下，比横截面研究采集的数据量相对较少。

### 8.2.2 研究样本

本次研究在西安的2所研究所、2个咨询公司共4家单位进行（分别为西安热工研究院、兵器工业某研究所、普华永道线公司、西安华璞咨询公司）。以工程师和管理咨询师研究样本的原因是：

其一，不像工人或者护士从事常规性、具有严格程序要求的工作，工程师和咨询人员从事的工作客观上要求他们进行持续学习，不断通过自我学习或者向他人学习来提升能力素质；同时，他们学历高、受过专业训练，在长期的求学经历中培养了学习能力。

其二，不同于以往文献所关注的管理、营销、服务等领域的压力，工程项目、咨询项目较为复杂、有挑战性，而且项目都有Deadline即最后期限要求，工程师和咨询人员要面对种种问题和时间压力。简言之，工程师和咨询人员属知识性员工，其工作具有高学习和高压力的特点，是考察工作压力与员工学习关系的良好样本。

此次纵贯调查的时间间隔为3个月。工程师和咨询人员以项目形式开展工作。3个月的期限能够覆盖大部分项目的执行周期。在3个月的时间内，员工会面对复杂问题和时间要求、承受工作压力，并且有机会进行亲历学习、观察学习。

4家单位的330名员工接受了问卷调查，第一次发放问卷330份，回收274份，回收率为83.1%；第二次发放问卷330份，回收253份，回收率为76.7%。因问卷是匿名发放，故两次问卷根据电话号码后四位一一对应，在剔除无效问卷后，剩余202个有效样本。在有效匹配的202份样本中，包括62名女性，占比30.5%，男性140名，占比69.5%；受访者的年龄范围在22岁到57岁不等；学历方面大专及以上学历的人群占比94.5%。

### 8.2.3 变量测量

对Farh等（2006）提出的量表开发的四种规范方法即修改法、翻译法、去情景化方法和情景化方法进行综合比较，本书决定采用修改法，即对已存在的量表进行翻译并做细微修改，目的是产生适用于中国背景的量表版本。修改法的优

表 8-3　样本情况

| 变量 | 最小值 | 最大值 | 均值 | 标准差 |
| --- | --- | --- | --- | --- |
| 性别 | 1.00 | 2.00 | 1.30 | 0.428 |
| 年龄 | 22.00 | 57.00 | 31.98 | 7.052 |
| 婚姻 | 1.00 | 3.00 | 1.67 | 0.468 |
| 职称 | 1.00 | 5.00 | 2.67 | 1.057 |
| 收入 | 1.00 | 5.00 | 1.88 | 0.965 |
| 工作问题 $_{T1}$ | 1.00 | 5.00 | 2.45 | 0.896 |
| 工作问题 $_{T2}$ | 1.00 | 4.00 | 2.25 | 0.724 |
| 亲历学习 $_{T1}$ | 1.00 | 5.00 | 3.4475 | 0.73792 |
| 亲历学习 $_{T2}$ | 1.00 | 5.00 | 3.3717 | 0.84933 |
| 观察学习 $_{T1}$ | 1.00 | 5.00 | 3.5203 | 0.77617 |
| 观察学习 $_{T2}$ | 1.00 | 5.00 | 3.3890 | 0.99774 |
| 积极主动个性 $_{T1}$ | 1.14 | 5.00 | 3.3454 | 0.90288 |
| 积极主动个性 $_{T2}$ | 1.00 | 5.00 | 3.3404 | 0.84242 |

注：性别：1 = 男；2 = 女；
婚姻：1 = 未婚；2 = 已婚；3 = 其他；
职称：1 = 无职称；2 = 初级职称；3 = 中级职称；4 = 副高级职称；5 = 正高级职称；
收入：1 = 远低于行业一般水平；2 = 略低于行业一般水平；3 = 基本持平；4 = 略高于行业一般水平；5 = 远高于行业一般水平；
T1 代表时间点 1 采集的数据，T2 代表时间点 2 采集的数据。

点是成本比较低，方便中西方学者之间研究交流；缺点是若对原量表修改较大则会导致新量表的产生，所以，有必要在中国背景下对更改后的量表进行信、效度检验。

本书选用发表在国际一流学术期刊上的工作问题、亲历学习、观察学习，以及积极主动个性量表，阅读分析后判断量表所测概念在中外文化情境中一致，满足翻译和修改的基本条件。根据 Brislin 的建议，对这些英文量表进行了双向翻译。如表 8-4 所示，各量表的克伦巴赫系数均大于通常的临界值 0.7，结果表明量表在中国文化情境中有良好的信度和聚合效度。

**表 8-4 克伦巴赫系数**

| 概念 | 变量名称 | 条目数 | 克伦巴赫系数（T1） | 克伦巴赫系数（T2） |
|---|---|---|---|---|
| 工作压力 | 工作问题 | 1 | — | — |
| 员工学习 | 亲历学习 | 4 | 0.937 | 0.954 |
| | 观察学习 | 4 | 0.864 | 0.943 |
| 调节变量 | 积极主动个性 | 7 | 0.945 | 0.923 |

具体来看，本章采用工作问题作为工作压力源的测量指标，解决问题是工程师和咨询人员的重要工作特征，工作当中的问题是工程师和咨询人员进行学习的客观机遇。基于班杜拉的研究，本章使用亲历学习、观察学习作为员工学习的测量指标。亲历学习指个体通过自己亲身经历，从经验中获得学习；观察学习指通过观察环境中他人的行为及其后果而发生的学习，包含注意、保持、动机和生成四个子过程。从亲历学习、观察学习两个变量测度员工学习，有助于对员工学习展开全面研究，细化压力对员工学习的影响。个体差异方面，本章采用了Bateman和 Crant（1993）编制的量表。本章研究所使用的主要量表如表 8-5 所示。

**表 8-5 工作压力、员工学习、积极主动个性量表**

| 下面的句子是对您实际工作情况提问，请在右边相应空格内打“√”，选择最符合实际的频次 | 从不 | 偶尔 | 一般 | 经常 | 一直 |
|---|---|---|---|---|---|
| 最近两个月内，工作中需处理的没有解决的或者没有答案的问题频次 | | | | | |
| 下面的句子是对您个性心理的描述，请在右边相应空格内打“√”，表示该项描述在多大程度上符合实际 | 完全不符 | 不太符合 | 基本符合 | 比较符合 | 完全符合 |
| 亲历学习 | | | | | |
| 1. 以往工作中，我一直能够成功地解决问题 | | | | | |
| 2. 无论过程怎样曲折，最后我还是把问题给解决了 | | | | | |
| 3. 以往的工作中，我能够解决问题、获得好评 | | | | | |
| 4. 以往工作中，尽管问题很棘手，我依然能做好 | | | | | |
| 观察学习 | | | | | |
| 1. 我欣赏和羡慕那些能够有效应对工作难题的上级和同事 | | | | | |
| 2. 看到上级、同事做出的成绩，我就有动力去解决难题、把工作做得更好 | | | | | |

续表

| 下面的句子是对您实际工作情况提问，请在右边相应空格内打“√”，选择最符合实际的频次 | 从不 | 偶尔 | 一般 | 经常 | 一直 |
| --- | --- | --- | --- | --- | --- |
| 3. 看到上级、同事应对某项难题，我会思考自己可以采用相似的方式处理问题 | | | | | |
| 4. 我想象自己努力工作，成功应对工作中的挑战和难题 | | | | | |
| 下面的句子是对您个性心理的描述，请在右边相应空格内打“√”，表示该项描述在多大程度上符合实际 | 完全不符 | 不太符合 | 基本符合 | 比较符合 | 完全符合 |
| 1. 没有什么事情比看到自己的想法变为现实更让人激动的 | | | | | |
| 2. 当我碰到某些我不喜欢的事情时，我会去改变它 | | | | | |
| 3. 无论胜算有多少，如果我希望某件事情，我就会努力实现它 | | | | | |
| 4. 我希望自己的想法得到支持，尽管可能遭到其他人的反对 | | | | | |
| 5. 我善于辨识机会，捕捉机遇 | | | | | |
| 6. 我总是寻找更好的方式去做事情 | | | | | |
| 7. 如果我有了某个信念或想法，没有什么能够阻碍我去实现它 | | | | | |

本章对工作问题、亲历学习、观察学习、积极主动个性量表的题项进行因子分析（Factor Analysis），进一步检验量表间的区分效度。因子分析所得出的因子个数少于原始变量个数，同时又能包含原始变量的大部分信息，这一分析过程又称为“降维”。有时原始变量在各因子上的载荷系数过于分散、难以解读出各因子的含义，需要进行“旋转”分析，使原始变量和因子之间的关系更为突出，方便对不同的因子进行解释。本书采用 SPSS 软件，选用最大方差法进行因子分析，原因是这一方法可以使每个变量尽可能在一个因子上有较高的相关系数，而在其他因子上的相关系数较低，从而更容易对因子进行解释。因子分析结果见表 8-6，各量表均载荷在不同的因子上，显示量表间具有良好的区分效度。

表 8-6 因子分析

| 量表题项 | 成分 1 | 成分 2 | 成分 3 | 成分 4 |
| --- | --- | --- | --- | --- |
| 工作问题 | | | | 0.974 |
| 亲历学习 1 | | 0.928 | | |
| 亲历学习 2 | | 0.936 | | |
| 亲历学习 3 | | 0.846 | | |
| 亲历学习 4 | | 0.935 | | |
| 观察学习 1 | | | 0.884 | |
| 观察学习 2 | | | 0.909 | |
| 观察学习 3 | | | 0.908 | |
| 观察学习 4 | | | 0.887 | |
| 积极主动个性 1 | 0.790 | | | |
| 积极主动个性 2 | 0.838 | | | |
| 积极主动个性 3 | 0.920 | | | |
| 积极主动个性 4 | 0.887 | | | |
| 积极主动个性 5 | 0.860 | | | |
| 积极主动个性 6 | 0.896 | | | |
| 积极主动个性 7 | 0.879 | | | |

本章调查问卷涵盖了性别、年龄、婚姻、职称、收入、工作问题、亲历学习、观察学习等一系列内容。为了避免其他变量对工作压力与学习之间关系的研究产生影响，设置如下控制变量：选择年龄、婚姻表示社会家庭方面的压力源；选择个人收入代表经济方面的压力源；结合中国实情，选择职称作为教育培训、工作经验方面的控制变量。

## 8.3 数据处理与假设检验

### 8.3.1 零阶相关矩阵

从零阶相关矩阵可以发现时间点 1 的工作问题与时间点 1 的亲历学习有显著

表 8–7 零阶相关矩阵表

| | 性别 | 年龄 | 婚姻 | 职称 | 收入 | 工作问题 T1 | 工作问题 T2 | 亲历学习 T1 | 亲历学习 T2 | 观察学习 T1 | 观察学习 T2 | PPT1 | PPT2 |
|---|---|---|---|---|---|---|---|---|---|---|---|---|---|
| 性别 | 1 | | | | | | | | | | | | |
| 年龄 | 0.050 | 1 | | | | | | | | | | | |
| 婚姻 | –0.094 | 0.589** | 1 | | | | | | | | | | |
| 职称 | –0.049 | 0.837** | 0.641** | 1 | | | | | | | | | |
| 收入 | 0.087 | –0.401** | –0.411** | –0.453** | 1 | | | | | | | | |
| 工作问题 $_{T1}$ | –0.050 | –0.078 | –0.101 | –0.091 | 0.030 | 1 | | | | | | | |
| 工作问题 $_{T2}$ | –0.074 | 0.105 | 0.100 | 0.108 | –0.050 | 0.271** | 1 | | | | | | |
| 亲历学习 $_{T1}$ | –0.185** | 0.037 | 0.026 | 0.031 | –0.117 | –0.186** | –0.203** | 1 | | | | | |
| 亲历学习 $_{T2}$ | –0.054 | –0.092 | –0.126 | –0.079 | –0.098 | –0.124 | –0.141* | 0.454** | 1 | | | | |
| 观察学习 $_{T1}$ | –0.042 | –0.127 | –0.041 | –0.129 | 0.047 | 0.011 | 0.002 | 0.443** | 0.315** | 1 | | | |
| 观察学习 $_{T2}$ | –0.098 | –0.123 | –0.001 | –0.091 | 0.005 | 0.189** | 0.008 | 0.142* | 0.445** | 0.361** | 1 | | |
| $PP_{T1}$ | –0.074 | –0.114 | –0.085 | –0.072 | 0.100 | –0.022 | –0.069 | 0.061 | –0.025 | 0.014 | 0.000 | 1 | |
| $PP_{T2}$ | –0.153* | –0.201** | –0.151* | –0.0119 | –0.038 | 0.028 | –0.082 | 0.225** | 0.167* | 0.269** | 0.176* | 0.150* | 1 |

注：相关系数显著性水平 * 表示 $p < 0.05$；** 表示 $p < 0.01$；*** 表示 $p < 0.001$；T1 代表时间点 1 采集的数据，T2 代表时间点 2 采集的数据；PP 表示积极主动个性。

的负相关关系，与时间点 2 的观察学习有显著的正相关关系；时间点 2 的工作问题与时间点 1 的亲历学习有显著的负相关关系，与时间点 2 的亲历学习有显著的负相关关系。上述工作压力与员工学习变量之间的零阶相关关系表明，工作压力对员工学习存在影响，上述关系是后续回归分析、调节效应研究的基础。

### 8.3.2 工作压力与亲历学习的回归分析

采用回归模型检验工作压力对亲历学习的影响：

第一步，将性别、年龄、婚姻、职称以及收入作为控制变量放入，目的是排除非工作因素对亲历学习造成的影响；

第二步，放入自变量工作问题 $_{T1}$，检验其对亲历学习 $_{T2}$ 的影响效应。其中，因变量是亲历学习 $_{T2}$。

**表 8–8 工作压力对亲历学习的影响**

| 因变量 | 亲历学习 $_{T2}$ | 模型 1 | 模型 2 |
|---|---|---|---|
| 第一步 | 常数 | | |
| | 性别 | –0.510 | –0.060 |
| | 年龄 | –0.570 | –0.054 |
| | 婚姻 | –0.167 | –0.180 |
| | 职称 | –0.013 | –0.022 |
| | 收入 | –0.191* | –0.194* |
| 第二步 | 工作问题 $_{T1}$ | | –0.146* |
| | $R^2$ | 0.049 | 0.070* |
| | $\Delta R^2$ | 0.049 | 0.021* |

注：相关系数显著性水平 * 表示 $p<0.05$；** 表示 $p<0.01$；*** 表示 $p<0.001$。

由回归分析结果可得：

$Y_{亲历学习\ T2}=-0.194X_{收入}-0.146X_{工作问题\ T1}$

根据上面的回归方程，分别取 2 个点（0，0）、（1，–0.146）绘制工作压力（工作问题）与亲历学习的关系图，如图 8–3 所示。

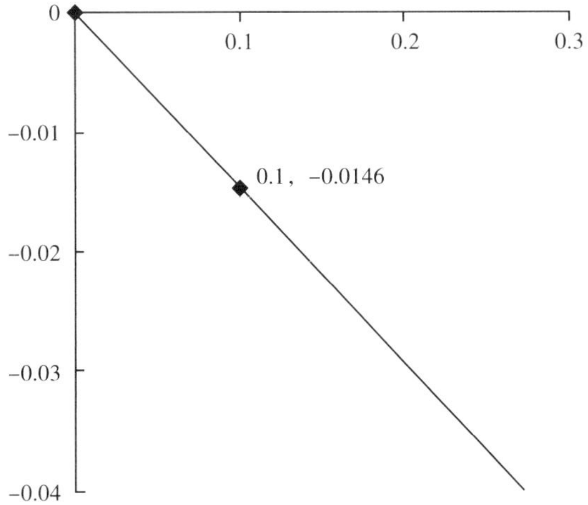


**图 8-3 工作压力对亲历学习的影响**

统计结果表明，时间点 1 的工作问题与时间点 2 的亲历学习有显著的负向相关关系，即随着工作压力增大，员工的亲历学习行为变少，而当工作压力减小时，员工亲历学习行为增多。可能的解释是，在工作压力情境中，员工需要额外花费时间精力以适应和应对高压，实质上减少了自己真正投入学习的努力，致使员工很少有时间或精力进行亲历学习。回归结果不支持假设 1。

采用回归模型探究积极主动个性对工作压力与亲历学习二者关系的调节作用：

第一步，放入控制变量；

第二步，放入自变量工作问题 $_{T1}$，积极主动个性 $_{T1}$，检验其对亲历学习的影响；

第三步，放入交互项“工作问题 $_{T1}$ × 积极主动个性 $_{T1}$”。其中，因变量是亲历学习 $_{T2}$。听从 Aiken 和 West 的建议，先对变量工作问题 $_{T1}$，积极主动个性 $_{T1}$ 进行“均值定中”处理，然后相乘构造交互项“工作问题 $_{T1}$ × 积极主动个性 $_{T1}$”。这种变换并未改变变量间的相关性，且能避免严重的多重共线性问题，便于有效地探究交互项的影响作用。如表 8-9 所示。

**表 8-9　积极主动个性的调节作用**

| 因变量 | 亲历学习 $_{T2}$ | 模型 1 | 模型 2 | 模型 3 |
|---|---|---|---|---|
| 第一步 | 常数 | | | |
| | 性别 | −0.051 | −0.062 | −0.074 |
| | 年龄 | −0.057 | −0.059 | −0.032 |
| | 婚姻 | −0.167 | −0.182 | $-0.203^{*}$ |
| | 职称 | −0.013 | −0.019 | −0.018 |
| | 收入 | $-0.191^{*}$ | $-0.191^{*}$ | $-0.186^{*}$ |
| 第二步 | 工作问题 $_{T1}$ | | $-0.147^{*}$ | $-0.144^{*}$ |
| | 积极主动个性 $_{T1}$ | | −0.035 | −0.048 |
| 第三步 | 工作问题 $_{T1}$ × 积极主动性 $_{T1}$ | | | $0.149^{*}$ |
| | $R^2$ | 0.049 | $0.071^{*}$ | $0.092^{*}$ |
| | $\Delta R^2$ | 0.049 | 0.022 | $0.022^{*}$ |

注：相关系数显著性水平 * 表示 $p < 0.05$；** 表示 $p < 0.01$；*** 表示 $p < 0.001$。

由回归分析结果可得出：

$Y_{亲历学习\ T2}=-0.203X_{婚姻}-0.186X_{收入}-0.144X_{工作问题\ T1}+0.149X_{工作问题\ T1}X_{积极主动个性\ T1}$

根据公式，分两种情况讨论：

$X_{积极主动个性\ T1}=1$ 时，$Y_{亲历学习\ T2}=-0.203X_{婚姻}-0.186X_{收入}+0.005_{X\ 工作问题\ T1}$

取两个点（0，0）、（1，0.005）绘制工作压力（工作问题）与亲历学习的关系图，如图 8-4 所示。

$X_{积极主动个性\ T1}=-1$ 时，$Y_{亲历学习\ T2}=-0.203X_{婚姻}-0.186X_{收入}-0.293X_{工作问题\ T1}$

结果显示，当积极主动个性被赋高值时，需要解决的工作问题 $_{T1}$ 与亲历学习 $_{T2}$ 之间显著正向相关，即对于积极主动性高的员工来说，当工作压力随时间增大，员工会表现出更多的亲历学习行为；当工作压力随时间减小，员工的亲历学习行为也随之变少。

当积极主动个性被赋低值时，需要解决的工作问题 $_{T1}$ 与亲历学习 $_{T2}$ 显著负向相关，即对于积极主动性低的员工来说，当工作压力增大时，他们会减少亲历学习行为；而当工作压力减小时，他们的亲历学习行为增多。回归结果的数据支持假设 2。

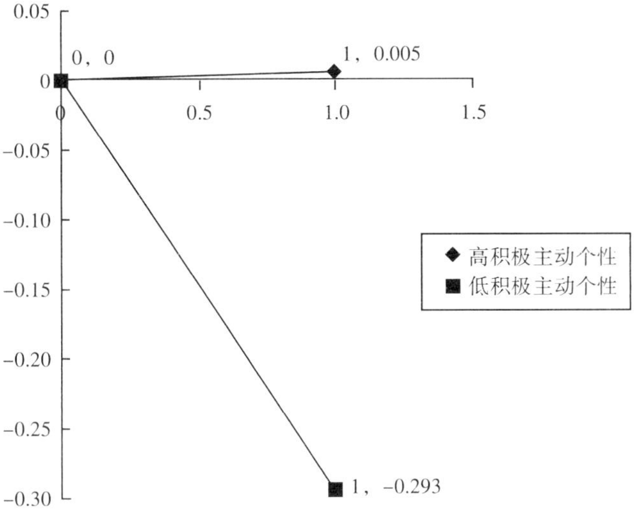


图 8-4 积极主动个性的调节作用

### 8.3.3 工作压力与观察学习的回归分析

采用回归模型检验工作压力对观察学习的影响：

第一步，将性别、年龄、婚姻、职称、收入这些控制变量放入，目的是消除非工作因素对观察学习的影响；

第二步，放入自变量工作问题 $_{T1}$，验证其对观察学习的影响。其中，因变量是观察学习 $_{T2}$。如表 8-10 所示。

表 8-10 工作压力对观察学习的影响

| 因变量 | 观察学习 $_{T2}$ | 模型 1 | 模型 2 |
|---|---|---|---|
| 第一步 | 常数 | | |
| | 性别 | -0.081 | -0.070 |
| | 年龄 | -0.152 | -0.156 |
| | 婚姻 | 0.096 | 0.112 |
| | 职称 | -0.042 | -0.030 |
| | 收入 | -0.028 | -0.024 |
| 第二步 | 工作问题 $_{T1}$ | | 0.183** |
| | $R^2$ | 0.030 | 0.063* |
| | $\Delta R^2$ | 0.030 | 0.033** |

注：相关系数显著性水平 * 表示 $p<0.05$；** 表示 $p<0.01$；*** 表示 $p<0.001$。

根据回归分析结果可得：

$Y_{观察学习\ T2} = 0.183X_{工作问题\ T1}$

分别取两个点（0，0）、(0.1，0.0183）绘制工作压力（工作问题）与观察学习的关系图，结果如图 8-5 所示。

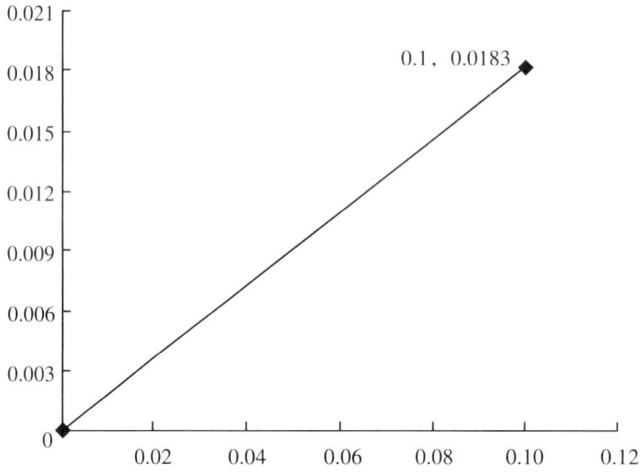


**图 8-5　工作压力对观察学习的影响**

统计结果显示，时间点 1 需要解决的工作问题与时间点 2 的观察学习显著正向相关，即工作压力低时，员工观察学习行为较少发生；当工作压力水平随时间推移逐渐升高时，员工将表现出更多的观察学习行为。换言之，在较高工作压力即时间紧、任务重、难度大等情况下，员工倾向于观察他人（榜样）所表现的行为及其结果进行学习，以避免错误发生或按照规定完成工作任务。回归结果支持假设 3。

采用回归模型探究积极主动个性对工作压力与观察学习两者关系的调节作用：

第一步，放入控制变量；

第二步，放入自变量工作问题 $_{T1}$，积极主动个性 $_{T1}$，验证其对观察学习的影响效应；

第三步，放入交互项“工作问题 $_{T1}$ × 积极主动个性 $_{T1}$”。其中，因变量是观察学习 $_{T2}$。听从 Aiken 和 West 的建议，先对变量工作问题 $_{T1}$，积极主动个性 $_{T1}$ 进行“均值定中”处理，然后相乘构造交互项“工作问题 $_{T1}$ × 积极主动个性 $_{T1}$”。这种变换并未改变变量之间的相关性，而且避免了严重的多重共线性问题，能够更有效地探究交互项的影响作用。如表 8–11 所示。

**表 8–11　积极主动个性的调节作用**

| 因变量 | 观察学习 $_{T2}$ | 模型 1 | 模型 2 | 模型 3 |
|---|---|---|---|---|
| 第一步 | 常数 | | | |
| | 性别 | –0.081 | –0.071 | –0.066 |
| | 年龄 | –0.152 | –0.158 | –0.168 |
| | 婚姻 | –0.096 | 0.112 | 0.120 |
| | 职称 | –0.042 | –0.029 | –0.029 |
| | 收入 | –0.028 | –0.023 | –0.025 |
| 第二步 | 工作问题 $_{T1}$ | | 0.183* | 0.182* |
| | 积极主动个性 $_{T1}$ | | –0.011 | –0.007 |
| 第三步 | 工作问题 $_{T1}$ × 积极主动性 $_{T1}$ | | | –0.056 |
| | $R^2$ | 0.03 | 0.063 | 0.066 |
| | $\Delta R^2$ | 0.03 | 0.033 | 0.003 |

注：相关系数显著性水平 * 表示 $p < 0.05$；** 表示 $p < 0.01$；*** 表示 $p < 0.001$。

由回归分析结果可得出：

$Y_{观察学习\ T2} = 0.182X_{工作问题\ T1}$

结果显示，积极主动个性并不能显著调节工作压力与员工观察学习两者之间的关系。回归结果不支持假设 4。

# 8.4　本章研究结论与实践建议

## 8.4.1　研究结论

其一，工作压力能够促进员工学习，这是工作压力积极作用的重要表现之一。从亲历学习的角度看，在客观环境条件允许时，即企业管理者能够接受员工亲历进行学习，愿意承担员工试错的成本，工作压力给员工提供了学习机会，积极主动的员工会抓住机遇进行学习。从观察学习的角度看，当某项工作任务被要求在短时间内完成，或工作本身的复杂程度较高时，亲历学习方式受到限制或者客观条件不允许，员工为了更好地应对工作压力和未来可能发生的问题，会寻找榜样、通过观察榜样来学习。

其二，对于高积极主动个性员工而言，工作压力促进亲历学习。根据工作压力的控制理论，当员工发现自己的实际工作结果与预设的目标存在差距时，会感受到压力，进而激发亲历学习，通过不断地尝试、犯错并总结经验教训，错误的行为会渐渐地减少，正确的行为会渐渐地增加，直到员工彻底地掌握了新的知识技能。工作压力促进亲历学习是有条件的，这一结论仅适用于高积极主动员工。积极主动个性对工作压力与亲历学习二者关系有调节作用，越是积极主动的员工，工作压力越能促进他们亲历学习；而那些积极主动性低的员工，工作压力会抑制其亲历学习行为。

其三，工作压力能否促进观察学习。以控制理论为基础，员工的实际工作结果相当于控制模型的输入项，组织对员工所提出的要求或者员工自己预设的目标即为参考值，将输入项与参考值进行对比之后员工会发现差距，从而感受到压力，员工的学习行为被激活。考虑到亲历学习方式不被组织允许，或者亲历学习会耗费大量时间精力甚至经济成本时，员工会采用更为有效的观察学习。通过注意、保持、生成和动机四个过程，掌握榜样所示范的行为或技能并在工作情境中表现出来。

### 8.4.2 实践建议

#### 8.4.2.1 适度增加员工压力

实证研究发现，工作压力能够促进员工学习，因此，建议管理者充分利用工作压力的积极效应，适度增加员工压力，给予一定工作挑战，以激发员工的学习行为。较高的工作压力和挑战使员工意识到自己的实际能力与企业和管理者的要求还存在差距，这将激发员工努力学习，不断改进，提升能力。若工作要求过低，员工没有发现差距，就会丧失学习的动力。

#### 8.4.2.2 允许和支持员工试错学习

试错学习可能对现有工作带来破坏和损失、降低工作效率，管理者对此应有充分的考虑。在条件允许的情况下，管理者应尽可能地给鼓励员工多尝试、包容员工的错误，帮助员工从失误中总结经验。特别是对那些积极主动的员工，管理者要给予重视和信任，让其在实践中得到历练，不断成长。

#### 8.4.2.3　为员工树立学习榜样

观察学习即向榜样学习，因此，管理者应不断地发现和树立榜样，从工作压力促进员工观察学习的角度出发，确保员工有榜样可学。管理者可以定期选择模范、标兵等，号召大家向他们学习；激励模范、标兵向其他员工介绍经验、开展传帮带活动。

#### 8.4.2.4　选择适当的学习模式

总的来看，亲历学习无论对员工，还是对组织而言，都是一种成本较高、代价较大的学习方法，选择这一方式时应认真考虑利弊得失。建议企业管理者优先考虑观察学习方式，通过认知注意、保持、生成过程和动机过程，使员工更快捷地掌握新知识技能。

### 8.4.3　研究局限

本章研究存在如下局限性，期待后续研究能弥补不足：

首先，本章研究以西安地区的工程师和管理咨询人员为样本，没有涉及其他地区和更多行业，因此样本存在一定的局限，在一定程度上影响研究结论的普适性。

其次，本章研究对工作压力的测量并不全面，仅以“工作问题”作为压力源的测量变量，完全未涉及其他的工作压力源，这在一定的程度上降低了结论对非知识型员工的适用性。

# 9 工作压力对员工成长的影响研究

工作压力对员工成长有着积极影响。本章回顾了压力对个人成长的积极影响、工作压力对员工成长的积极影响研究，区分了员工的内在成长与外在成长，指出内在成长的重要意义，在此基础上阐释了工作压力促进员工内在成长的机制与条件，提出理论假设。基于两家单位的177份有效样本，分别采用横截面数据、纵贯数据，通过三组回归分析检验假设并研究发现：工作压力对员工成长有短期的负向影响。长期看，积极主动个性对工作压力与员工内在成长间的关系具有显著调节作用，即对于高积极主动个性的员工而言，工作压力能促进其内在成长，而对于低积极主动个性低的员工而言，工作压力不仅不能促其成长，反而会带来负面结果。区别于压力与外在成长文献，本章研究从内在成长的视角阐释了工作压力的积极作用机理。基于实证研究结果，本章向管理者提出了压力和员工管理建议。

## 9.1 模型与研究假设提出

### 9.1.1 压力对个体成长的积极影响

工作压力常被视为负面因素，研究者和管理实践者都努力去消除或最大限度地减少工作压力的负面效应。工作中压力过大，导致员工精神紧张，经常熬夜，相当多的员工休息时间减少，精神失调，严重影响身心健康。Ganster（2013）综述研究总结了工作压力的消极效应，指出工作压力不但对员工生理、心理带来危害，还会导致反生产和破坏性行为，对组织带来经济损失。

短期来看，压力事件对员工的健康和职业发展有害。但长期来看，工作压力可能促进员工的成长与发展。与生活中的情况相似，在工作情境中也可以观察到压力成长现象。例如，那些电脑经常出问题的员工与其他员工相比，更可能拥有较高的电脑维修技能。

压力对个体成长的积极效应研究可以追溯至 1964 年，Caplan 提出危机理论，该理论的一个基本假设是消极生活体验有潜在的好处。其后，Taylor（1983）的认知适应模型强调重新解释压力体验的积极适应性价值。Janoff-Bulman（1992）指出压力体验者、危机幸存者在某些方面可能更糟，但也有一些积极变化，包括获得智慧和同情。Antonovsky（1987）将压力相关的积极结果总结为个人经验，其中包括理解压力刺激和应对能力。Tedeschi、Calhoun 和 Gross（1993）则直接表示，个人成长是与压力有关的一个必然结果。

在压力成长的众多研究中，Schaefer 和 Moos（1992）做出了突出贡献，他们回顾了关于生活危机和个人成长的文献，并概述了压力相关积极结果的三种主要类型：其一，增强的社会资源，如与朋友之间更好的关系；其二，增强个人资源，如更好自我概念的形成；其三，新的或改进的应对技能，如更好解决问题的能力。Schaefer 和 Moos（1992）还提出了一个概念模型来解释压力相关成长的前因因素，模型中的前因依次为：个人特征（如性别、气质、人格特征）、环境特征（如社会支持、生活条件）、负面事件特征（如压力、持续时间、可控性）、应对行为，包括认知重新定义或对事件的积极重新解释以及接受，假设事件的某些方面不能改变。

学者将压力可能带来的积极影响归结为三个方面。压力将导致个体的世界观发生变化：Tedeschi 和 Calhoun（1995）指出，成长是由创伤或压力造成的世界观中断引起的。Janoff-Bulman（1992）描述了创伤如何打破个人对世界和自身的假设，压力事件促使个体对世界观或信仰进行修正以反映新的现实。压力将导致个体的认知模式发生变化：压力相关的成长可能是人们做出努力的结果，这些努力将压力事件纳入他们预先存在的认知结构中，痛苦经历可以帮助人们对压力源有更全面的理解。压力还可以导致个体应对压力的流程发生变化：Tedeschi 和 Calhoun（1995）指出，因为较高的威胁评估反映了更强烈的需求，所以更高的压力评估应该导致更加适应性的应对策略。

Park、Cohen 和 Murch 于 1996 年扩展了有关压力成长的研究，考察压力成长的前因决定因素。该实证研究发现压力相关成长与乐观、积极情感、社会支持者数量和社会支持满意度之间存在显著的正相关关系。这与先前研究基本一致，如 Park 和 Cohen（1993）、Park、Cohen 和 Herb（1990）发现，内在的宗教信仰与压力相关成长有关，内在的宗教信仰促进了与压力有关的成长，因为它有助于个人在危机中找到意义。一些数据还表明，性格乐观可以预测压力相关成长，特别是在医学问题背景下，乐观主义可能促进压力相关的个人成长，因为乐观主义与患者的适应性应对策略选择有关。

Park 与 Fenster（2005）详细考察了职业领域的压力成长现象。他们认为，虽然压力的出现会导致很多负面后果，但处理和应对压力的过程中员工可能会发展出更宽广的视角和新的应对技能，从广度和深度两方面使员工的个人资源得到开发。他们实证考察了职业领域中压力成长的影响因素，选取 94 名大学生完成了首次问卷调研；6 个月后，完成第二次问卷调查，这些问卷包括过去 6 个月中最具压力的经历以及与压力源有关的认知过程，应对压力策略、工作相关成长等问题。纵贯实证结果显示，具体的压力应对过程与压力成长有关，职业领域的压力可以使新入职人员增加个人资源、收获更积极的心态。

生活中的压力事件能带来积极结果，使个体的个人资源、社会资源得到增强，使个体拥有更多的压力应对技能。基于 Caplan 的危机理论和 Park 等关于压力成长的研究对企业进行观察，不难发现工作情境中也有类似压力成长的现象发生。例如，若某工程师所管理的项目不能满足项目主管的要求，工程师会感到压力。这种压力会促使他更加努力地工作，从错误中吸取教训，最后达到项目主管的期望。实验项目完成后，随着工程师的专业知识和技能得到显著提升，最终他或她会被选为新项目的主管。客户经理在面对客户无理要求时会感受到压力，由于困惑和焦虑，他或她会被迫向经验丰富的同事寻求建议。因此，客户经理学会了如何巧妙地拒绝客户的无理要求。随着客户经理沟通能力的提高，新客户增多，许多有价值的客户得以保留。与此同时，客户经理的绩效和工资也得到提高。本章拟从员工成长入手，对工作压力的积极效应展开深入研究。

### 9.1.2 员工成长的研究综述

Seibert 等（1999）将职业成功定义为“一个积极的心理或与工作相关的结果或成果，积累的工作经验的结果”。基于此定义可知，员工的职业成长分为两个方面，即内在的成长与外在的成长。以往研究中，内在的职业成长更关注职业满意度、工作满意度等；而外在的职业成长更关注晋升、加薪等。

传统的管理理论更强调外在成长，认为职业成长是通过竞争性的职位晋升来实现的。组织管理者将职位按照从高到低的顺序排列，并对应着高低不等的薪酬待遇，被视为职业阶梯。员工在职业阶梯中向上移动即晋升，得到晋升意味着员工的工作绩效很好或者通过其他方式为组织做出了贡献。影响组织内晋升的因素是人力资本相关的变量，如工作经验、工作能力、教育水平，还有社会资本变量，如关系质量和数量，还有动机变量，如努力程度等。另外，组织内强力人物的关注和赞赏，可以使员工得到更多机会和资源，使他们比其他人更快晋升。

易变职业生涯、无边界职业生涯时代，对传统的职业发展观提出了挑战。新的观点认为，职业发展不应局限于某一组织内部。Hall（1996）提出，由个人驱动的易变性职业发展：易变性职业生涯是由个人主动管理和人的内在价值引导的，而不是按照组织阶梯规划好的路径发展。在易变性职业生涯中，职业成功不是某一组织中的晋升，而是一种能力如再就业能力的提升。同理，无边界职业发展的特点也是追求“获得培训机会、增强人力资本、保持市场能力”。无边界职业发展主张员工跨企业流动，因此，有助于员工成功地在不同工作和组织之间转换的因素，如可雇佣性、求职自我效能等被视为无边界职业时代的成功指标。

升职、加薪是外在职业成长研究中常用的变量。可验证的成就如薪酬、晋升和职业地位，长期以来一直被认为是各种社会事业成功的标志。Nicholson（2000）指出，这些指标可以从公司记录中获取，具有客观性，因此格外受到研究人员的重视。

然而，随着组织内外部环境的变化，上述外在职业成长和成功指标的重要性逐渐降低。组织扁平化、组织规模缩小和外包等趋势减少了员工可以晋升的层级和范围，缩短了员工向上晋升的阶梯。Reitman 和 Schneer（2003）对 116 名 MBA 毕业生进行了 13 年的跟踪调查，结果显示其中 2/3 的人未遵循典型的、内部晋升路径。随着无边界职业时代的到来，越来越多的专业人士选择成为顾问，越来越多的管理人员选择成为职业经理人。换言之，职业成功的客观标准如升职、加薪在许多工作中意义有限。

Hall（2002）的研究发现，获得高薪和晋升也不一定让人感到骄傲或成功；事实上，还可能导致工作与个人的疏离。当代职业观念如，易变性职业生涯、无边界职业等，强调是员工个人而不是组织在驱动员工的职业发展，个人属性是职业成功的关键因素。Friedman 和 Greenhaus（2000）对 800 多位专业人士进行调查后，对职业成功标准做了总结，他们发现越来越多的人对主观职业成功标准给予了重视，超越了权力、金钱和晋升等客观结果。

外在职业发展的局限性，促使研究者开始关注职业成功的主观或内在标准。常用的内在成长指标是工作满意度或职业满意度。最早的内在职业成功研究可以追溯到 Thorndike（1934）将职业成功操作化为工作满意度以及收入和工作状况。对那些拥有一定地位和获得财务成功的人而言，他们是否对自己的职业感到满意是很重要的。Higgins、Thoresen 和 Barrick（1999）的判断认为，因为对工作很多方面不满意的个人不太可能认为自己的职业是成功的，所以工作满意度是主观职业成功最显著的方面。许多其他研究，例如 Boudreau、Boswell 和 Judge（2001）也使用工作满意度作为主观职业发展的标准。职业满意度最常使用 Greenhaus 等开发的广泛采用的职业满意度量表。采用工作满意度或职业满意度作为职业成长或职业成功的标准具有一定局限性，当前的满意/不满意与未来的前景好/坏之间的不一致，如当前满意但未来职业前景暗淡，或者当前不满意但未来职业前景看好。研究者提出应该避免将工作满意度作为主观职业成功的唯一指标。

随着研究的深入，一些学者提出可以采用员工个人标准或者他人期望作为评估员工职业发展的标准。自我参照的职业成长标准（Self-referent Success Criteria）反映了个人职业相关的标准和愿望。Gattiker 和 Larwood（1988）认为，主观职业标准反映了个人偏好，无论其他人取得什么成就，一个高度忠于个人职业愿望的人如果能够实现其目标，就意味着获得职业成功，如果没有实现目标，则他们的职业生涯可能会失败。采用个人标准，将导致职业发展与成功的判断出现很大差异。

职业发展领域的研究表明，外在成长指标如薪酬增加、职务晋升和内在成长指标如满意度、自我参照的成长标准等均存在一定的不足。员工成长研究需要一种更具解释力的，符合易变性职业、无边界职业时代特征的测量指标。

本章选择自我效能感作为员工内在成长的测量指标，具体原因如下：

首先，Bandura 和 Locke（2003）认为，自我效能感指的是相信自己有能力去调动动机和资源，以及满足特定情境的行为要求。作为一个能力概念，自我效能与知识、技能或经验不同，它是在这些特定因素基础上所构建的综合能力。在职业发展领域，Powell、Hubschman 和 Doran（2001）指出，当员工理解因果关系的机制并掌握共同规则时，他们就能获得更大的自我效能感。

随着经济竞争逐渐全球化，信息技术得到广泛应用，企业必须应对持续变化的外部环境，员工也必须与这些不确定性进行斗争。因此，企业需要员工不仅要具备一到两种固定技能，还要具备综合能力。自我效能感是一种典型的个人综合能力，可以满足企业的需要。

其次，自我效能感与外在的职业发展和事业成功有密切关系。Bandura（1997）提出，自我效能高的管理者比他们的同事有更多的晋升机会和更高的薪水水平。自我效能感直接或间接地影响着学者的创造力，并给他们带来丰厚的收入和晋升。因此，虽然外在成长和自我效能的增长并不同步，但两者是一致的。

最后，自我效能感的增长对员工自身也非常重要。如今市场竞争加剧，组织环境动荡，员工无法期望在一个组织内获得终身雇佣。Eby、Butts 和 Lockwood（2003）认为，在无边界的职业时代，相比于企业提供的职业阶梯，员工更加重视自己在劳动力市场中的再就业能力。对那些在不同组织间流动的人员来说，相比于某项具体的知识和技能来说，自我效能更加重要，因为自我效能将在他们今后的职业生涯中继续发挥关键作用。实证研究显示，自我效能高的员工在从事不同工作时表现良好。具有高效能感的员工明白普遍规则，并且能通过理解一般规则来很快掌握一份新工作。

### 9.1.3 积极主动个性的研究综述

以往文献中，学者们常常采用大五人格来考察员工的个体差异。研究发现，五大人格模型中的三个因素——责任心、亲和力和神经质，都与职业成功存在联系。然而，随着技术和经济的不断发展，企业外部竞争加剧，客观上要求员工更加积极主动地应对变化。而与此相关的人格特质亦越来越受到重视。

1993 年，Bateman 与 Crant 提出了积极主动个性的概念。积极主动个性概念的建构源于环境与人的互动主义，积极主动个性捕捉了一种改变环境而非被环境所改变的行为倾向，即个体不受环境力量影响，并且能影响环境变化。采用班杜拉的三元互惠决定模型即人的认知心理、行为和外界环境不断地相互影响，来阐释积极主动个性：高积极主动个性的特点是寻找机会，表现出主动性，并坚持不懈地带来有意义的改变；相比之下，低积极主动个体通常不能表现出主动性，也不太可能抓住改变事物的机会，因此，更倾向于适应和忍受当前的环境。随着研究的不断深入，Fuller 和 Marler（2009）在文献回顾中，总结了积极主动个性概念的核心要素，即自我发动、未来导向和积极改变。

Eby 等（2003）认为，积极主动个性是一种“知道为什么”的变量，它是职业成功的预测因素。积极主动型人格的员工在识别机会、挑战现状，以及与个人职业相关的其他方面表现出积极主动性。经过两年的纵向研究，Seibert、Kraimer 和 Crant（2001）发现，积极主动个性与加薪、晋升以及其他外在职业发展呈正相关关系。

Seibert、Kraimer、Crant（2001）设计了一个纵贯研究，基于 180 名职工及其上司的纵贯数据，采用结构方程模型分析，结果显示：积极主动个性与创新、政治知识以及工作主动性行为间存在正相关关系；进一步，创新行为、工作主动性等与职业发展存在正相关关系。简言之，积极主动个性通过员工的积极主动行为正向影响员工的职业成长。影响路径如图 9-1 所示。

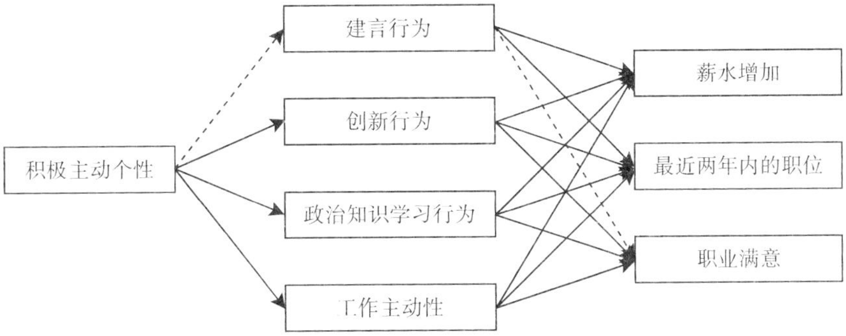


**图 9-1　积极主动个性对员工职业发展的影响路径**

Seibert 等（2002）对积极主动人格与职业成功展开纵贯实证研究，较为全面地考察了积极主动个性对外在职业发展和内在职业发展的影响机理，扩展了积极主动个性的适用范围。本章认为，积极主动个性是员工职业发展中的重要个体差异因素，可能在工作压力与员工成长的关系中发挥调解作用。

### 9.1.4 研究假设

基于对日常生活中压力成长现象的观察，Caplan（1964）提出了危机理论，他认为，人有可能在不利的生活经历中获得成长。当面对压力时，个体会思考、反省、寻求帮助或尝试去应对压力。随着时间的流逝，他们会在生活哲学、社会关系和应对压力的行为中发生变化，实现成长。

工作情境中也有类似压力成长的现象发生。例如，若某工程师所管理的项目不能满足项目主管的要求，工程师会感到压力。这种压力会促使他更加努力地学习成长，尽力达到项目主管要求。待项目完成后，工程师的专业知识和技能得到显著提升，同时他也会被提升新项目的主管。客户经理在面对客户无理要求时会感受到压力，这种压力会促使客户经理更快地学习成长，随着客户经理沟通能力的提高，新客户增多，许多有价值的客户得以保留；与此同时，客户经理的绩效和工资也得到提高。

尽管上述例子中工程师和客户经理同时获得了内在的和外在的职业成长，但本章认为内在成长更具有理论意义。知识与技能的提升（即内在成长）是员工职业发展中不可缺少的一环，要想获得这些外在成长，员工应首先获得内在成长。比如，要选择新项目负责人和发放年终奖时，工程师的知识增长是其实现升职的先决条件，而客户经理沟通能力的提升是其实现加薪的前提条件。

从理论建构的视角来说，内在成长更具解释力。从内在成长角度来解释压力成长可以弥补现有文献的不足。Park（1996）等认为，压力直接作用于员工成长的内在方面，而非外在方面，从内在成长的角度，研究者可以得到连续、渐进的压力成长图像。相对而言，外在成长受多种因素影响，从外在成长开展压力成长研究，可能得到的是分割、脱节的图像。

基于前人研究成果，本章认为工作压力作为学习和成长的机会，它促进学习行为，并最终促进员工的成长。

第一，Parker 和 Sprigg（1999）提出，工作压力提醒了员工要学习和提高，员工可以将其视为在工作中学习的机会。从概念上讲，工作压力表明工作要求超出了员工的个人能力。压力源强调了员工必须要增强个人能力，为员工提供了一个学习的机会。出于类似的原因，Skule（2004）断言，学习型工作在有压力的环境中很常见。

第二，工作压力会刺激员工的学习行为。工作压力的存在表明员工现有能力与完成工作要求所需要的能力之间存在差距，进而促进员工积极的学习行为，例如，通过试错学习和咨询有经验的员工。De Lange 等（2009）发现，工作压力与学习动机、主动解决问题存在正相关关系。De Jonge 等（2012）发现，工作压力如高的专注度和精度要求，与积极的学习行为有显著的正相关关系。

第三，McDonald 和 Hite（2005）发现，工作压力会通过促进员工的学习来促进员工的内在成长。在无边界职业时代，学习是员工实现成长和发展的重要手段。通过积极的学习，员工可以解决问题并提高他们的知识和技能，更重要的是可以增强自己的综合能力。Taris、Kompier、Geurts、Houtman 和 Van den Heuvel（2010）发现，工作压力在纵向上提高了自我效能的水平。

基于以上分析，提出假设 1：工作压力对员工内在成长存在显著正向影响。

遗憾的是，目前文献中所描述的压力成长机制仍存在许多争议。Taris、Kompier、De Lange、Schaufeli 和 Schreurs（2003）、Taris 和 Feij（2004）均发现了工作压力对员工成长的负面影响。根据 Rau（2006）的观点，面临工作压力的员工不会主动进行学习。理论上讲，工作压力并不直接等同于自我效能的增长或任何其他类型的内在成长。工作压力与员工成长的关系有两种可能：一种是工作压力会刺激员工的学习，进而实现成长；另一种是工作压力会阻碍员工的学习和成长。鉴于这些相互矛盾的实证发现，可以认为，压力成长机制尚未得到完全破解。从方法论角度看，之前研究中可能忽略了某些因素。

个人因素和外在条件是压力成长必不可少的机制。组织作为一个环境因素为员工提供了学习和发展的机会，但最终还是取决于员工自己如何评估这些机会，以及是否要利用这些机会。以往对压力成长的实证研究结果如 Park 等（1996）对人格的关注，De Lange 等（2009）对年龄差异的考察，均表明，工作压力积极效应研究中的个体差异值得深入探究。

鉴于前人实证研究中的不一致，本章引入积极主动个性作为工作压力与员工内在成长关系的调节变量。1993 年，Bateman 和 Crant 提出了积极主动个性的概念。随着研究的不断深入，积极主动个性的概念得到了扩展，它包括自我发动、未来导向和积极改变三个核心要素。Eby 等（2003）认为，积极主动个性是一种“知道为什么”的变量，它是职业成功的预测因素。在本章中，我们认为积极主动个性会影响员工的内在成长。

Fay 和 Frese（2001）认为，高主动性的员工是自主并具有未来导向的。他们对自己的职业生涯有着长远的眼光，并能够为自己的职业发展设定明确的目标。当工作压力出现时，高积极主动个性的员工会将实际情况与自己的职业目标进行比较。这样，他们就会主动评估工作压力，将工作压力视为挑战。对于这样的员工来说，压力提醒了他们自己的能力是远远不够的，压力是一个学习的机会。而对于没有明确职业规划的员工来说，工作压力是单独存在的，他们更有可能将其视为消极因素。

Fuller 和 Marler（2009）、赵欣等（2011）认为，高主动性的员工会积极地寻求变化，会采取行动来改变自己职业发展的不利方面。工作压力的出现说明员工的能力不足以胜任他们的工作。而学习毫无疑问是提高自身能力的最好办法之一，因此在工作压力下，高主动性的员工会主动进行试错学习和观察学习。在一项深入研究中，Parker 和 Sprigg（1999）发现，遇到生产问题时，高积极主动个性的员工比低积极主动个性的员工更有责任感。这种意识鼓励着员工采取行动，例如，积极学习。简言之，当个人发展的机会以压力的形式出现时，高积极主动个性的人会审视压力的情境，确定学习的机会。相反，低积极主动个性的员工遇到压力时通常会对自己说“这不是我的工作”，且很少采取行动。

高积极主动个性的员工坚持在困难的环境中成长，克服困难，为职业发展做好准备。在工作压力下学习，员工会比平时遇到更多的困难。实验失败是工程师所面临的最常见问题之一。Tornau 和 Frese（2013）的研究发现，高积极主动个性的工程师将继续用新的材料和设计进行实验，坚持不懈直到问题得到解决。高主动性工程师的坚持确保了他们的成长。低主动性的工程师很容易放弃寻找解决方案，终止学习，并且很难在压力下获得成长。

因此，面对以工作压力形式出现的学习机会，我们发现，高主动性的员工会认同并充分利用这些机会。当个人因素和外在机会同时出现时会实现压力成长。

面对工作压力，高积极主动个性的人和低积极主动个性的人之间存在显著差异。低积极主动个性的人职业发展中缺乏主动性。他们不主动寻找机会，并倾向于将工作压力视为麻烦。因此，他们将职业发展的潜在机会视为额外的负担并逃避它们，所以他们无法获得成长。更糟糕的是，这些人可能会获得消极的成长，即知识、技能或自我效能的下降。由于低积极主动个性而逃避负担，不去学习新技能，可能会导致之前的知识与技能的退化，从而导致员工的消极成长，这种情况类似于 Karasek 和 Theorell 所说的自己能掌控局面的感觉不断削弱……反过来会限制工作压力应对能力的提升，从而导致更高工作压力，一直循环往复下去。

基于以上分析，提出假设 2：积极主动个性对工作压力与员工内在成长间的关系具有显著的调节作用；具体说，对于高积极主动个性员工而言，工作压力将促进员工内在成长，对于低积极主动个性员工而言，工作压力将阻碍员工的内在成长。

## 9.2 研究方法

### 9.2.1 方法概述

与以往单纯横截面研究（Cross-sectional Study）不同，本章采集纵贯数据（Longitudinal Data）考察工作压力与员工内在成长的因果联系。因果关系具有时序性，即原因必定在先，结果只能在后，二者的时间有先后，且顺序不能颠倒；横截面研究采用同一时间采集的数据来检验有时序性的因果关系假设是有问题的。鉴于此，尽管纵贯研究成本相对较高，但从提升研究效度的角度考虑，本书仍然采用纵贯研究设计，即在不同时间点的考察研究对象、采集数据，更好地反映事物的发展变化过程、支持因果关系假设的检验。

纵贯研究设计的统计分析与横截面设计的统计分析有所不同，以回归分析为例，横截面研究考察同一时间点的自变量对因变量的影响，而纵贯研究则考察前一时间的自变量对后一时间因变量的影响。进一步，纵贯研究内部还有不同的操作，一种常见的做法是时间点 1 的自变量对时间点 2 的因变量做回归；另一种常见的做法是时间点 1 的自变量对时间点 1 到时间点 2 这段时间内因变量的增量做回归。为了充分利用纵贯数据的优势，本章将尝试多种方法，以期全面了解工作压力对员工成长的影响机理。

### 9.2.2 研究样本

本章调研在西安 2 所研究所进行，选择研究所工程师作为研究样本，基于以下考虑：其一，工程师具有较高的学历和专业知识水平，具有在本领域不断成长发展的欲望；其二，工程师承担的项目兼具复杂多样性、时间紧迫性等特点，体验着与其他人员不一样的工作压力。工程师是知识性员工的典型代表，他们关注职业成长、体验高工作压力、积极主动性存在差异，是考察工作压力与员工成长关系的良好样本。

此次知识型员工的纵贯调查，时间间隔为 3 个月，可以覆盖大部分项目的执行周期。第一次发放问卷 270 份，回收 223 份，回收率为 82.6%；第二次发放问卷 270 份，回收 206 份，回收率为 76.1%。因属匿名问卷，两次问卷按电话号码后四位一一对应，并剔除无效问卷后，剩余 177 个有效样本。如表 9–1 所示，在有效匹配的 177 份样本中，包括 115 名男性（64.9%）和 62 名女性（35.1%），受访者的年龄范围很广，从 22 岁到 57 岁；大专及以上学历的人群占比为 94.5%。

**表 9–1 样本情况**

| 变量 | 小值 | 大值 | 均值 | 标准差 |
|---|---|---|---|---|
| 性别 | 1.00 | 2.00 | 1.27 | 0.421 |
| 年龄 | 22.00 | 57.00 | 33.09 | 6.832 |
| 婚姻 | 1.00 | 2.00 | 1.73 | 0.429 |
| 职称 | 1.00 | 5.00 | 2.86 | 0.967 |
| 收入横比 | 1.00 | 5.00 | 1.71 | 0.860 |
| 工作问题 $_{T1}$ | 1.00 | 5.00 | 2.34 | 0.815 |
| 工作问题 $_{T2}$ | 1.00 | 4.00 | 2.28 | 0.737 |

续表

| 变量 | 小值 | 大值 | 均值 | 标准差 |
| --- | --- | --- | --- | --- |
| 积极主动个性 $_{T1}$ | 1.00 | 5.00 | 3.3017 | 0.68106 |
| 积极主动个性 $_{T2}$ | 1.00 | 5.00 | 3.3335 | 0.64083 |
| 自我效能 $_{T1}$ | 1.00 | 5.00 | 3.5326 | 0.68627 |
| 自我效能 $_{T2}$ | 1.00 | 5.00 | 3.4708 | 0.76329 |

注：性别：1=男；2=女；
婚姻：1=未婚；2=已婚；3=其他；
职称：1=无职称；2-初级职称；3=中级职称；4=副高级职称；5=正高级职称；
收入横比：1=远低于行业一般水平；2=略低于行业一般水平；3=基本持平；4=略高于行业一般水平；5=远高于行业一般水平。

### 9.2.3 变量测量

综合考虑，本章遵循 Farh 等（2006）的建议，采用修改法即翻译已存在的量表并做细微修改以产生适用于本书的量表。修改法的成本比较低；便于中西方学者研究交流。可能的风险是，如果对原量表修改较大则会产生新的量表，因此，需要在中国背景下对新量表进行信、效度检验。

选择发表在国际一流学术期刊上的工作压力、内在成长、员工积极主动个性量表，按照 Brislin 的建议进行双向翻译，以确保中文版与原文一致。利用 SPSS 软件进行信度分析，结果显示，各量表的克伦巴赫系数均大于通常的临界值 0.7，有良好的信度和聚合效度。

**表 9-2 克伦巴赫系数**

| 概念 | 变量名称 | 条目数 | 克伦巴赫系数（T1） | 克伦巴赫系数（T2） |
| --- | --- | --- | --- | --- |
| 工作压力 | 工作问题 | 1 | — | — |
| 调节因素 | 积极主动个性 | 7 | 0.881 | 0.907 |
| 员工内在成长 | 自我效能感 | 8 | 0.923 | 0.960 |

工作压力有多种测量形式。在之前的研究中，比如 Karasek（1979）开发的量表以及修改后的版本中，题项的重点主要是工作量和时间压力，这些因素更适合从事重复性工作的员工。知识型员工的工作特点与蓝领员工不同，若研究中使用的量表不能体现工作特征，那么压力的影响有可能被低估。鉴于此，本章编写

了一个突出工作问题与困难的题项，对于知识型员工来说这是一个重要的压力来源。题项是：“在你的日常工作中有无法解决的问题或困难”。根据 Daniels、Boocock、Glover Hartley 和 Holland（2009），仅使用一个题项是可行的。

本章将员工成长操作化为一般自我效能感，选择 Chen、Gully 和 Eden（2001）所开发的一般自我效能感量表。量表题项如表 9-3 所示。

**表 9-3 自我效能感量表**

| 自我效能感问卷表<br>下面的句子是对您个性心理的描述，请在右边相应空格内打“√”，表示该项描述在多大程度上符合实际 | 完全不符 | 不太符合 | 基本符合 | 比较符合 | 完全符合 |
|---|---|---|---|---|---|
| 1. 我能够完成我给自己设定的绝大多数目标 | | | | | |
| 2. 当面临困难任务时，我确信我能够完成这些任务 | | | | | |
| 3. 一般来说，我认为能够达成对我有重要意义的结果 | | | | | |
| 4. 我相信，只要我下决心做出最大的努力我就能够成功 | | | | | |
| 5. 我能够成功地战胜大多数挑战 | | | | | |
| 6. 我相信我能有效地开展许多不同的工作 | | | | | |
| 7. 与其他人相比，我能把绝大部分的工作任务做好 | | | | | |
| 8. 甚至在事情变得棘手时，我仍然能很好地完成 | | | | | |

积极主动个性的测量采用了 Bateman 和 Crant（1993）所开发的量表。量表题项如表 9-4 所示。

**表 9-4 积极主动个性量表**

| 积极个性问卷表<br>下面的句子是对您个性心理的描述，请在右边相应空格内打“√”，表示该项描述在多大程度上符合实际 | 完全不符 | 不太符合 | 基本符合 | 比较符合 | 完全符合 |
|---|---|---|---|---|---|
| 1. 没有什么事情比看到自己的想法变成现实更让人激动的 | | | | | |
| 2. 当我碰到某些我不喜欢的事情时，我会去改变它 | | | | | |
| 3. 无论胜算有多少，如果我希望某件事情，我就会努力实现它 | | | | | |
| 4. 我希望自己的想法得到支持，尽管可能遭到其他人的反对 | | | | | |
| 5. 我善于辨识机会，捕捉机遇 | | | | | |
| 6. 我总是寻求更好的方式去做事情 | | | | | |
| 7. 如果我有某个信念或者想法，没有什么可以阻碍我去实现它 | | | | | |

为了进一步检验量表间的区分效度，本章工作问题、自我效能感、积极主动个性量表的题项进行了因子分析。因子分析结果显示，各量表题项均载荷在不同的因子之上，表明本研究采用的各量表具有较好的区分效度，如表 9-5 所示。

**表 9-5 因子分析**

| 量表题项 | 成分 1 | 成分 2 | 成分 3 |
| --- | --- | --- | --- |
| 工作问题 | | | 0.883 |
| 积极主动个性 1 | | 0.707 | |
| 积极主动个性 2 | | 0.755 | |
| 积极主动个性 3 | | 0.806 | |
| 积极主动个性 4 | | 0.788 | |
| 积极主动个性 5 | | 0.694 | |
| 积极主动个性 6 | | 0.739 | |
| 积极主动个性 7 | | 0.745 | |
| 自我效能 1 | 0.886 | | |
| 自我效能 2 | 0.865 | | |
| 自我效能 3 | 0.894 | | |
| 自我效能 4 | 0.853 | | |
| 自我效能 5 | 0.889 | | |
| 自我效能 6 | 0.821 | | |
| 自我效能 7 | 0.870 | | |
| 自我效能 8 | 0.879 | | |

本章调查问卷包括性别、年龄、婚姻、职称、收入、待解决工作问题、积极主动个性、自我效能等一系列内容。为了避免其他变量影响工作压力与员工内在成长之间关系的研究，选择如下控制变量：选择年龄、婚姻代表社会家庭方面的压力源；选择个人收入代表经济方面的压力源；结合中国实情，选择职称作为教育培训、工作经验方面的控制变量。

# 9.3 数据处理与假设检验

## 9.3.1 零阶相关矩阵

对性别、年龄、婚姻、职称、收入、待解决工作问题、积极主动个性、自我效能等进行相关性分析，根据零阶相关矩阵可知，时间点 1 工作问题与时间点 1 和时间点 2 的自我效能感存在显著的负相关，时间点 2 工作问题与时间点 1 的自我效能感存在显著的负相关，积极主动个性与自我效能感亦存在显著正相关关系，上述相关关系的存在是后续通过回归模型考察工作压力与员工内在成长关系、考察积极主动个性调节作用的基础。

**表 9–6 零阶相关矩阵**

| | 性别 | 年龄 | 婚姻 | 职称 | 收入横比 | 解决问题$_{T1}$ | 解决问题$_{T2}$ | 积极个性$_{T1}$ | 积极个性$_{T2}$ | 自我效能$_{T1}$ | 自我效能$_{T2}$ |
|---|---|---|---|---|---|---|---|---|---|---|---|
| 性别 | 1 | | | | | | | | | | |
| 年龄 | 0.152$^{*}$ | 1 | | | | | | | | | |
| 婚姻 | 0.010 | 0.553$^{**}$ | 1 | | | | | | | | |
| 职称 | 0.076 | 0.816$^{**}$ | 0.612$^{**}$ | 1 | | | | | | | |
| 收入横比 | 0.069 | −0.274$^{**}$ | −0.335$^{**}$ | −0.355$^{**}$ | 1 | | | | | | |
| 解决问题$_{T1}$ | −0.081 | −0.048$^{*}$ | 0.007 | 0.190$^{**}$ | −0.113 | 1 | | | | | |
| 解决问题$_{T2}$ | −0.063 | 0.082 | 0.095 | 0.120 | −0.008 | 0.346$^{**}$ | 1 | | | | |
| 积极个性$_{T1}$ | −0.167 | 0.192$^{*}$ | 0.068 | 0.076 | −0.123 | −0.022$^{**}$ | −0.015$^{**}$ | 1 | | | |
| 积极个性$_{T2}$ | −0.102 | −0.237$^{**}$ | −0.041 | −0.011 | −0.096 | −0.084$^{**}$ | −0.106$^{**}$ | 0.556$^{**}$ | 1 | | |
| 自我效能$_{T1}$ | −0.136 | 0.020 | 0.014 | −0.062 | 0.157$^{*}$ | −0.143$^{**}$ | −0.167$^{*}$ | 0.628 | 0.375$^{**}$ | 1 | |
| 自我效能$_{T2}$ | −0.020 | −0.084 | −0.057 | 0.122 | −0.151$^{*}$ | −0.091$^{*}$ | −0.143 | 0.389$^{**}$ | 0.479$^{**}$ | 0.419$^{**}$ | 1 |

注：相关系数显著性水平 * 表示 $p < 0.05$；** 表示 $p < 0.01$；*** 表示 $p < 0.001$；T1 代表时间点 1 采集的数据，T2 代表时间点 2 采集的数据；PP 表示积极主动个性。

为了全面考察工作压力对员工内在成长的影响，本章进行了三组回归分析：

第一组回归分析，采用时间点 1 的工作压力数据和时间点 1 的员工成长数据，旨在检验工作压力对员工成长的短期效应；

第二组回归分析，采用时间点 1 的工作压力数据和时间点 2 的员工成长数据，旨在检验工作压力对员工成长的长期影响；

第三组回归分析，将时间点 1 的员工成长数据作为控制变量纳入回归方程，采用更为严谨的模型考察工作压力与员工成长间的因果关系。

### 9.3.2　基于横截面数据的回归分析

第一组回归分析：

第一步，将年龄、婚姻、职称、收入等控制变量放入回归返程，以排除非工作压力因素对员工成长的影响；

第二步，放入自变量工作问题 $_{T1}$ 及调节变量积极主动个性 $_{T1}$ 验证其对员工成长 T1 的影响效应；

第三步，放入自变量工作压力与积极主动个性的交互项，检验积极主动个性是否对工作压力和员工成长的关系存在调节作用。

研究积极主动个性对工作压力与员工职业成长关系的调节效应，需要利用层次回归模型对二元交互项“工作问题 $_{T1}$ × 积极主动个性 $_{T1}$”作分析。采纳 Aiken 和 West（1991）的建议，先对变量进行了“均值定中”处理，然后相乘构造交互项。这种变换不会影响变量间的相关关系，而且能避免严重的多重共线性问题，可以更有效地研究交互项的影响效应。同一时间点的工作压力对员工成长的影响如表 9–7 所示。

**表 9–7　基于横截面数据的回归分析**

| 因变量 | 自我效能 $_{T1}$ | 模型 1 | 模型 2 | 模型 3 |
|---|---|---|---|---|
| 第一步 | 常数 | | | |
| | 性别 | –0.131 | –0.065 | –0.073 |
| | 年龄 | 0.096 | 0.203 | 0.202* |
| | 婚姻 | –0.030 | –0.050 | –0.056 |
| | 职称 | –0.106 | –0.044 | –0.048 |
| | 收入横比 | –0.169 | –0.068 | –0.085 |
| 第二步 | 工作问题 $_{T1}$ | | –0.149 | –0.169** |

续表

| 因变量 | 自我效能 $_{T1}$ | 模型 1 | 模型 2 | 模型 3 |
|---|---|---|---|---|
| | 积极主动个性 $_{T1}$ | | 0.634** | 0.627*** |
| 第三步 | 工作问题 $_{T1}$ × 积极主动个性 $_{T1}$ | | | 0.117* |
| | $R^2$ | 0.045 | 0.442** | 0.455*** |
| | $\Delta R^2$ | 0.045 | 0.397** | 0.013* |

注：相关系数显著性水平 * 表示 $p<0.05$；** 表示 $p<0.01$；*** 表示 $p<0.001$。

由回归分析结果可得出：

$Y_{自我效能\ T1}=0.202X_{年龄}-0.169X_{工作问题\ T1}+0.627X_{积极个性\ T1}+0.117X_{工作问题\ T1}\times X_{积极个性\ T1}$

根据上面的回归方程，分别取两组两个点（0，0.627）、（1，0.575），（0，-0.627）、（1，-0.913）做成展示时间点 1 的工作问题与时间点 1 的自我效能间的关系，如图 9-2 所示。

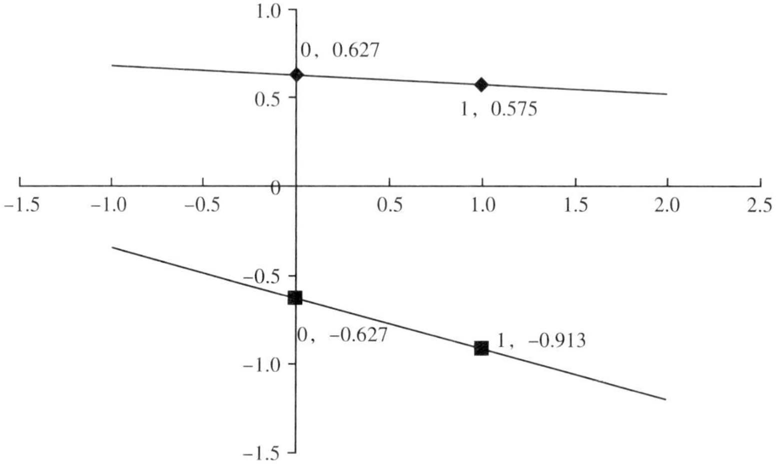


**图 9-2　工作压力对员工成长的影响（基于横截面数据）**

基于横截面数据的统计结果表明，时间点 1 的工作问题对时间点 1 的自我效能存在显著的负向影响，不支持假设 1；而且积极主动性人格对工作问题与自我效能感之间关系的调节作用显著，支持假设 2。这意味着，在短期内，随着工作压力的增加，员工的自我效能会相应地减小，工作压力并不能促进员工的内在成长。

### 9.3.3　基于纵贯数据的回归分析

第二组回归分析检验工作压力对员工成长的长期效应：

第一步，将年龄、婚姻、职称、收入等控制变量放入，以排除非工作压力因素对员工成长的影响；

第二步，放入自变量工作问题 $_{T1}$ 和积极主动个性，验证其对员工成长的影响效应；

第三步，放入自变量工作问题与积极主动个性的二元交互项，验证两者之间的影响效果。其中，因变量是为解决工作中出现的问题而实现的员工内在知识和能力的提高，即采用自我效能 $_{T2}$，代表员工的职业成长。

研究积极主动个性的调节效应，采纳了 Aiken 和 West（1991）的建议，先构造交互项。回归结果如表 9-8 所示。

**表 9-8　基于纵贯数据的回归分析**

| 因变量 | 自我效能 $_{T2}$ | 模型 1 | 模型 2 | 模型 3 |
|---|---|---|---|---|
| 第一步 | 常数 | | | |
| | 性别 | 0.011 | 0.048 | 0.035 |
| | 年龄 | -0.096 | -0.033 | -0.035 |
| | 婚姻 | -0.057 | -0.069 | -0.078 |
| | 职称 | -0.016 | 0.020 | 0.013 |
| | 收入横比 | -0.203 | -0.144 | -0.173* |
| 第二步 | 工作问题 $_{T1}$ | | -0.094 | -0.125 |
| | 积极主动个性 $_{T1}$ | | 0.369** | 0.357*** |
| 第三步 | 工作问题 $_{T1}$ × 积极主动个性 $_{T1}$ | | | 0.187** |
| | $R^2$ | 0.042 | 0.178** | 0.212*** |
| | $\Delta R^2$ | 0.042 | 0.136** | 0.033** |

注：相关系数显著性水平 * 表示 $p<0.05$；** 表示 $p<0.01$；*** 表示 $p<0.001$。

由回归分析结果可得出：

$$Y_{自我效能\ T2} = -0.173X_{收入横比} + 0.035X_{积极个性\ T1} + 0.187X_{工作问题\ T1} \times X_{积极个性\ T1}$$

根据上面的回归方程，分别取两组两个点（0，0.035）、（1，0.222），（0，-0.035）、（1，-0.222）做成待解决工作问题即工作压力与自我效能感关系图，结果如图 9–3 所示。

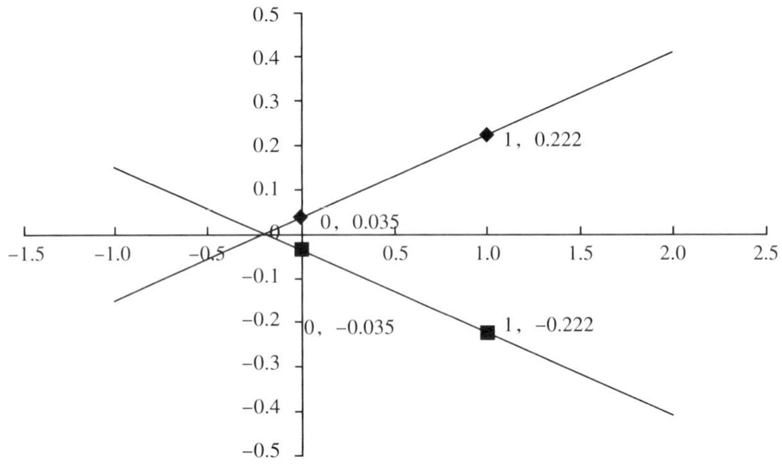


**图 9–3　工作压力对员工成长的影响（基于纵贯数据）**

基于纵贯数据的统计结果显示，工作问题对自我效能无显著影响，工作问题×积极主动个性的二元交互项显著，支持假设 2。具体来讲，对于积极主动个性人格高的员工，高的工作压力会使员工实现高的职业成长，对于积极主动个性人格低的员工，工作压力的持续升高会带来负面后果。这意味着，长期来看，工作压力有可能促进员工职业成长，这一结论适用于高积极主动个性员工。

## 9.3.4　基于纵贯数据的回归分析——以 T1 员工成长为控制变量

第三组回归采用更严谨的模型来检验工作压力与员工成长的因果关系：

第一步，将时间点 1 的员工自我效能、年龄、婚姻、职称、收入等控制变量放入，以排除非工作压力因素对员工成长的影响，更为重要的是将时间点 1 的自我效能即时间点 1 的员工成长作为控制变量，更好地考察工作压力对员工成长的影响；

第二步，放入自变量工作问题 $_{T1}$ 及调节变量积极主动个性 $_{T2}$，验证其对员工职业成长的影响效应；

第三步，放入自变量工作问题与调节变量积极主动个性的交互项，验证两者之间的影响效果；回归分析结果如表 9–9 所示。

**表 9–9 基于纵贯数据的回归分析——以 T1 员工成长为控制变量**

| 因变量 | 自我效能 $_{T2}$ | 模型 1 | 模型 2 | 模型 3 |
|---|---|---|---|---|
| 第一步 | 性别 | 0.064 | 0.067 | 0.054 |
| | 年龄 | −0.135 | −0.091 | −0.087 |
| | 婚姻 | −0.044 | −0.054 | −0.064 |
| | 职称 | 0.027 | 0.032 | 0.025 |
| | 收入横比 | −0.133 | −0.125 | −0.151* |
| | 自我效能 $_{T1}$ | 0.410*** | 0.285** | 0.253 |
| 第二步 | 工作问题 $_{T1}$ | | −0.051 | −0.082 |
| | 积极主动个性 $_{T1}$ | | 0.188* | 0.198* |
| 第三步 | 工作问题 $_{T1}$ × 积极主动个性 $_{T1}$ | | | 0.158* |
| | $R^2$ | 0.203*** | 0.223*** | 0.247*** |
| | $\Delta R^2$ | 0.203** | 0.021 | 0.023* |

注：相关系数显著性水平 * 表示 $p<0.05$；** 表示 $p<0.01$；*** 表示 $p<0.001$。

由回归分析结果可得出：

$$Y_{\Delta\,自我效能}=-0.151X_{收入横比}+0.198X_{积极个性\ T1}+0.158X_{积极个性\ T1}\times X_{工作问题\ T1}$$

根据上面的回归方程，分别取两个点（0，0.198）、（1，0.356）及（0，-0.198）、（1，-0.356）做成工作压力与自我效能的关系，结果如图 9–4 所示。

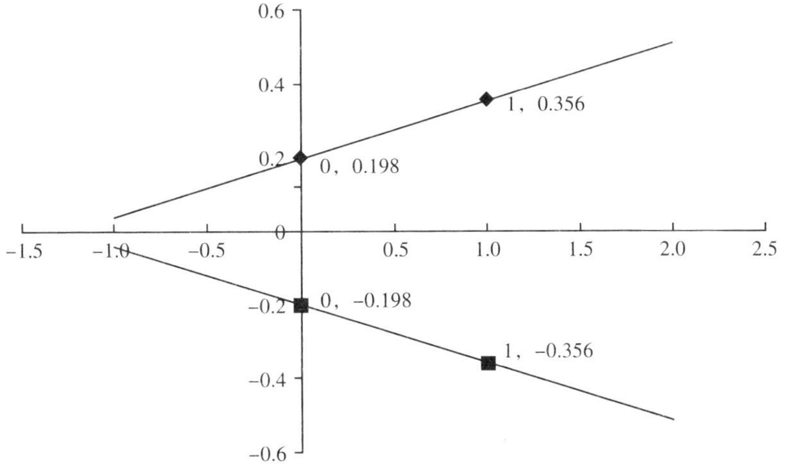


**图 9–4 工作压力对员工成长的影响（基于纵贯数据以 T1 员工成长为控制变量）**

统计结果显示，将时间点 1 的自我效能作为控制变量的前提下，工作问题与积极主动个性的交互项在 $P<0.1$ 水平上显著，即积极主动个性对工作压力与员工内在成长间的关系仍具有显著调节作用，统计结果支持假设 2。这意味着，对于高积极主动个性的员工而言，工作压力能够促进其内在成长，工作压力是员工内在成长的重要前因。

## 9.4 本章研究结论与实践建议

### 9.4.1 研究结论

本章中实证研究了工作压力对内在职业发展的积极影响，明确了积极主动个性的关键调节作用，从三个方面对管理心理学做出了贡献：

首先，发现高主动性的员工在工作压力下可以获得内在成长，这与之前的研究结果不同。大多数职业发展学者关注的是组织支持机制，如公平和公平、奖励体系、组织气候、领导和生活工作平衡，忽略了工作场所常见的工作压力的影响。研究工作压力与职业发展之间关系的少数研究人员则片面地强调工作压力的负面影响。例如，Hutri 和 Lindeman（2002）发现了工作压力和职业危机的正相关关系。为了弥补以往研究中的不足，我们采用纵贯研究，检验了工作压力对职业发展的积极影响，并重新诠释了工作压力在职业发展领域的作用。

其次，强调了内在的职业发展，这与外在的职业发展是不同的。我们认为，以前的研究人员过于关注职业发展的外部因素，忽视了内在职业发展，而这是员工成长不可缺少的组成部分。内在成长是外在成长的前提；同时，这也是工作压力可能产生的结果之一。从逻辑上讲，内在成长将工作压力与外在成长联系在一起。从内在成长的角度看，压力成长机制的解释更加直接，可以避免外生变量的干扰。

最后，发现主动性人格对工作压力与职业成长之间的关系有调节作用。以前的研究人员仅描述了与压力有关的成长现象，或提供了可信的证据，但没有完全解释其机理。我们发现，对于积极主动的员工，工作压力才能促进他们的职业发展。在本章中，我们深入探讨了具有高主动性人格的员工与缺乏主动性人格的员工之间的差异。积极主动的员工认为压力是学习的机会，采取行动学习，并实现内在成长。相反，在职业发展过程中，缺乏主动性的员工表现出很少的主动性。他们宁愿逃避压力，也不愿从中吸取教训，这样他们就无法实现成长。通过解释工作压力与主动性人格之间的相互作用，加深了对压力成长的认识。

### 9.4.2 实践建议

首先，提醒管理者工作压力具有两面性。除了已经众所周知的负面影响，工作压力也可以产生积极影响。由于工作压力可以促进员工的成长，管理者不应该不加考虑地、一味地尝试消除或减少工作压力。

其次，提醒管理者内在成长和外在成长都是职业发展的重要方面。在工作压力下，内在成长通常比员工晋升和加薪更早发生。因此，管理者应该引导员工从问题中学习，在压力下提高自己，并为外在成长做好准备。

最后，提醒经理更好地察觉和把握员工的压力成长。当面对工作压力时，高积极主动个性员工的表现与低积极主动个性的员工是不同的。因此，应该以不同的方式对待这两种员工。对于高积极主动个性的员工，适度地提高他们的工作压力可以达到好的效果。相反，管理者应该尽量减少低积极主动个性员工的工作压力。

### 9.4.3 研究局限

本章研究最大的局限性在于缺乏对员工外在成长的衡量。这一局限使我们无法进一步探讨工作压力与外在成长间的关系，无法对内在成长和外在成长进行实证比较。

# 参考文献


[1] Aiken L. S., West S. G. Multiple Regression: Testingand Iterpre-nting Iter-actions [M]. Newbury Prk, CA: Sage, 1991.

[2] Albright, C.L. King, A.C. Taylor, B. Haskell, W.L. Effect of a Six-month Aerobic Exercise Training Program on Cardiovascular Responsivity in Healthy Middle-aged Adults [J]. Journal of Psychosomatic Research, 1992, 36 (1): 25-36.

[3] Amabile T. M., Tighe E. Questions of Creativity [J]. Brockman John. Creativity the Reality Club, 1993 (4): 7-27.

[4] Amabile T. M. Creativity In Context [J]. Nature, 1996, 283 (5750): 877.

[5] Anderson N., DeDreu, C. K. W., Nijstad, B. A. The Routinization of Innovation Research: A Constructively Critical Review of the State-of-the-science [J]. Journal of Organizational Behavior, 2004, 25: 147-173.

[6] Antonovsky A. Unraveling the Mystery of Health: How People Manage Stress and Stay Well [J]. Journal of Nervous & Mental Disease, 1987, 177 (7): 439-440.

[7] Baas M., Roskes M., Sligte D., et al. Personality and Creativity: The Dual Pathway to Creativity Model and a Research Agenda [J]. Social & Personality Psychology Compass, 2013, 7 (10): 732-748.

[8] Baillien E. De Cuyper, N. De Witte, H. Job Autonomy and Workload As Antecedents of Workplace Bullying: A Two-wave Test of karasek's Job Demand Control Model for Targets and Perpetretors [J]. Journal of Iccupational and Organizational Psychology, 2011: 84 (1): 191-208.

[9] Bakker, A. B. Demerouti, E. De Boer, E. Schaufeli, W. B. Job Demands and Job Resources As Predictors of Absence Duration and Frequency [J]. Journal of

Vocational Behavior, 2003 (62): 341–356.

[10] Bakker, A.B. Demerouti, E. Euwema, M. C. Job Resources Buffer the Impact of Job Demands on Burnout [J]. Journal of Occupational Health Psychology, 2005 (10): 170–180.

[11] Bakker, A.B. Demerouti, E. Schaufeli, W.B. Dual Processes at Work in a Call Centre: An Application of he Job Demands–resources Model [J]. European Journal of Work and Organizational Psychology, 2003, 12 (4): 393–417.

[12] Bakker, A.B. Demerouti, E. The Job Demands–resources Model: State of the Art [J]. Journal of Managerical Psychology, 2007, 22 (3): 309–328.

[13] Bakker, A.B. Demerouti, E. Verbeke, W. Using the Job Demands–resources Model to Predict burnout and Performance[J]. Human Resource Management, 2004 (43): 83–104.

[14] Bakker, A.B. Hakanen, J.J. Demerouti, E. Job Resources Boost Work Engagement Particularly When Job Demands Are High [J]. Journal of Educational Psychology, 2007, 99 (2): 274–284.

[15] Bandura A., Jeffrey R. W. Role of Symbolic Coding and Rehearsal Processes in Observational Learning [J]. Journal of Personality & Social Psychology, 1973, 26 (26): 122–130.

[16] Bandura A., Locke E. A. Negative Self–efficacy and Goal Effects Revisited [J]. Journal of Applied Psychology, 2003, 88 (1): 87.

[17] Bandura A. Psychological Modeling: Conflicting Theories [M]. Aldine: Atherton, 1971.

[18] Bandura A. Theoretical Perspectives [J]. Self–efficacy: The Exercise of Control, 1997 (1): 1–35.

[19] Barsky, A.Thoresen, C.J. Christopher, R.Kaplan, S.A. Modeling Negative Affectivity and Job Stress: A Contingency–based Approach [J]. Journal of Organizational Behavior, 2004, 25 (8): 915–936.

[20] Bateman T. S., Crant J. M. The Proactive Component of Organizational Behavior: A Measure and Correlates [J]. Journal of Organizational Behavior, 2010,

14 (2): 103–118.

[21] Bateman T. S., Crant J. M. The Proactive Component of Organizational Behavior: A Measure and Correlates [J]. Journal of Organizational Behavior, 1993 (1): 103–108.

[22] Beach T., Mitchell G. Image Theory: Principles, Goals, And Plans in Decision Making [J]. Acts Psychological, 1987, 66 (12): 201–220.

[23] Beehr, T.A. Newman, J.E. Job Stress, Employee Health, and Organizational Effectiveness: A Facet Analysis, Model, and Literature Review[J]. Personnel Psychology, 1978 (35): 665–699.

[24] Beehr, T.A. Johnson, L.B. Nieva, R. Occupational Stress: Coping of Police and Their Spouses [J]. Journal of Organizational Behavior, 1995 (16): 3–25.

[25] Berkowitz, L. Affect, Aggression, and Antisocial Behavior. In R. J. Davidson, K. R. Scherer, & H. H.Goldsxnith (Eds.), Handbook of Affective Sciences [M]. New York: Oxford University Press, 2003.

[26] Boudreau J. W., Boswell W. R., Judge T. A. Effects of Personality on Executive Career Success in the United States and Europe [J]. Journal of Vocational Behavior, 2001, 58 (1): 53–81.

[27] Brislin, R. W. The Wording and Translation of Research Instruments [C]. Lonner, W. J. & Berry, J. W. Field Methods in Cross-cultural Research. Beverly Hill, CA: Sage, 1986.

[28] Bromet, D.E. J. Dew, M. A. Parkinson, D. K. Schulberg, H. C. Predictive Effects of Occupational and Marital Stress on the Mental Health of a Male Workforce [J]. Journal of Organizational Behavior, 1988, 9 (1): 1–13.

[29] Brousseau K. R., Driver M. J., Larsson R. Career Pandemonium: Realigning Organizations and Individuals [J]. The Academy of Management Executive (1993–2005), 1996, 10 (4): 52–66.

[30] Bushman B. J., Baumeister R. F., Phillips C. M. Do People Aggress to Improve Their Mood? Catharsis Beliefs, Affect Regulation Opportunity, And Aggressive Responding [J]. J Pers Soc Psychol, 2001, 81 (1): 17–32.

[31] Byron K., Khazanchi S., Nazarian D. The Relationship between Stressors and Creativity: A Meta-analysis Examining Competing Theoretical Models [J]. Journal of Applied Psychology, 2010, 95 (1): 201.

[32] Campbell D. T. Blind Variation and Selective Retention in Creative Thought As an Other Knowledge Process, Psychological Review [J]. Psychological Review, 1960, 67 (6): 380-400.

[33] Caplan, R.D. Cobb, S. French, J.R.P. Van Harrison, R.. Pinneau, S.R. Job Demands and Worker Bealtb (NIOSH Research Report [D]. Washington, D. C.: National Institute for Occupational Safety and Health, 1975.

[34] Caplan, R.D. Jones, K.W. Effects of Work Load, Role Ambiguity, And Type A Personality on Anxiety, Depression, And Heart Rate [J]. Journal of Applied Psychology, 1975, 60 (6): 713-719.

[35] Cappelli P. Career Jobs "Are" Dead [J]. California Management Review, 1999, 42 (1): 146-167.

[36] Carmona, C.Buunk, A.P.Peiro, J.M. Do Social Comparison and Coping Styles Play a Role in the Development of Burnout? Cross-sectional and longitudinal Findings [J]. Journal of Occupational and Organizational Psychology, 2006 (79): 85-99.

[37] Carver C. S., Scheier M. F. On the Self-regulation of Behavior [J]. Contemporary Sociology, 1998, 29 (2): 386.

[38] Carver C. S., Scheier M F. Outcome Expectancy, Locus of Attribution for Expectancy, and Self-directed Attention as Determinants of Evaluations and Performance [J]. Journal of Experimental Social Psychology, 1982, 18 (2): 184-200.

[39] Castillo, I.Duda, J.L. Alvarez, M.S. Motivational Climate, Approach-avoidance Achievement Goals and Well-being in Young Soccer Players[J]. Revista De Psicologia Del Deporte, 2011, 20 (1): 149-164.

[40] Cavanaugh M. A., Boswell W. R., Roehling M. V., et al. An Empirical Examination of Self-reported Work Stress among U.S. Managers[J]. Journal of Applied Psychology, 2000, 85 (1): 65.

[41] Chen G., Gully S. M., Eden D. Validation of a New General Self-efficacy Scale [J]. Organizational Research Methods, 2001, 4 (1): 62-83.

[42] Cheng C. Dialectical Thinking and Coping Flexibility: A Multimethod Approach [J]. Journal of Personality, 2009, 77 (2): 471.

[43] Coats, E.J. Janoff-Bulman, R. Alpert, N. Approach Versus Avoidance Goals: Differences in Self-evaluation and Well-being[J]. Personality and Social Psychology Bulletin, 1996 (22): 1057-1067.

[44] Colquitt J. A., Lepine J. A., Noe R. A. Toward an Integrative Theory of Training Motivation: A Meta-analytic Path Analysis of 20 Years of Research [J]. Journal of Applied Psychology, 2000, 85 (5): 678-707.

[45] Cooper, C.L. Marshall, J. Occupational Sources of Stress: A Review of the Literature Relating to Coronary Heart Disease and Mental Health [J]. Journal of Occupational Psycbology, 1976 (49): 11-28.

[46] Daniels K., Beesley N., Wimalasiri V., et al. Problem Solving and Well-Being Exploring the Instrumental Role of Job Control and Social Support [J]. Journal of Management, 2013, 39 (4): 1016-1043.

[47] Daniels K., Boocock G., Glover J., et al. An Experience Sampling Study of Learning, Affect, And the Demands Control Support Model[J]. Journal of Applied Psychology, 2009, 94 (4): 1003-17.

[48] Daniels K. Coping and the Job Demands-Control-Support Model: An Exploratory Study [J]. International Journal of Stress Management, 1999, 6 (2): 125-144.

[49] Danna, K.Griffin, R.W. Health and Well-being in the Workplace: A Review and Synthesis of the Literature [J]. Journal of Management, 1999, 25 (3): 357-384.

[50] De Dreu C. K., Baas M., Nijstad B. A. Hedonic Tone and Activation Level in the Mood-creativity Link: Toward a Dual Pathway to Creativity Model[J]. Journal of Personality & Social Psychology, 2008, 94 (5): 739.

[51] De Dreu C. K., Nijstad B. A. Conflict and Creativity: Threat-rigidity or

Motivated Focus [J]. Journal of Personality & Social Psychology, 2008 (95): 648-661.

[52] De Dreu, C. K. W., & Nijstad, B. A. Conflict and Creativity: Threat-rigidity or Motivated Focus? [J]. Journal of Personality and Social Psychology, 2008 (95): 648-661,

[53] De Dreu, Carsten K.W., Nijstad, Bernard A. Mental Set and Creative Thought in Social Conflict: Threat Rigidity Versus Motivated Focus [J]. Journal of Personality & Social Psychology, 2008, 95 (3): 648.

[54] De Jonge J., Reuvers M. M. E. N., Houtman I. L. D., et al. Linear and Nonlinear Relations between Psychosocial Job Characteristics, Subjective Outcomes, And Sickness Absence: Baseline Results from SMASH [J]. Journal of Occupational Health Psychology, 2000, 5 (2): 256.

[55] De Jonge J., Spoor E., Sonnentag S., et al. "Take a Break?!" Off-job Recovery, Job Demands, and Job Resources as Predictors of Health, Active Learning, and Creativity [J]. European Journal of Work & Organizational Psychology, 2012, 21 (3): 321-348.

[56] De Jonge, Jan. Schaufeli, W.B. Job Characteristics and Employee Well-being: A Test of Warr's Vitamin Model in Health Care Workers Using Structural Equation Modelling [J]. Journal of Organizational Behavior, 1998 (19): 387-407.

[57] De Lange A. H., Taris T. W., Jansen P., et al. On the Relationships among Work Characteristics and Learning-related Behavior: Does Age Matter? [J]. Journal of Organizational Behavior, 2010, 31 (7): 925-950.

[58] Demerouti E., Bakker, A. B., Nachreiner, F., Schaufeli, W. B. The Job Demands-resources Model of Burnout [J]. Journal of Applied Psychology, 2001, 86 (3): 499-512.

[59] Doris Fay, Michael Frese. The Concept of Personal Initiative: An Overview of Validity Studies [J]. Human Performance, 2001, 14 (1): 97-124.

[60] Dweck C.S.& Leggett. E.L.. A Social-cognitive Approach to Motivation and personality [J]. Psychological Review, 1988, 95 (2): 256-273.

[61] Dweck, C. S. Motivation Processes Affecting Learning [J]. American Psychologist, 1986 (41): 1040–1048.

[62] Dweck, S.D. Leggett, E.L. A Social–cognitive Approach to Motivation and Personality [J]. Psychological Review, 1988, 59 (2): 256–273.

[63] Dwyer, D.J. Ganster, D.C. The Effects of Job Demands and Control on Employee Attendance and Satisfaction [J]. Journal of Organizational Behavior, 1991, 12 (7): 595–608.

[64] Eby L. T., Butts M., Lockwood A. Predictors of Success in the Era of the Boundaryless Career [J]. Journal of Organizational Behavior, 2003, 24 (6): 689–708.

[65] Edwards J. R. A Cybernetic Theory of Stress, Coping, and Well–being in Organizations [J]. Academy of Management Review, 1992, 17 (2): 238–274.

[66] Edwards, J.R. Rothbard, N.P. Work and Family Stress and Well–being: An Examination of Person–environment Fit in the Work and Family Domains [J]. Organizational Behavior and Human Decision Processes, 1999, 77 (2): 85–129.

[67] Elliot, A.J. Murayama, K. On the Measurement of Achievement Goals: Critique, Illustration, and Application[J]. Journal of Educational Psychology, 2008, 100 (3): 613–628.

[68] Elliot, A.J. Church, M.A. A Hierarchical Model of Approach and Avoidance Achievement Motivation [J]. Journal of Personality and Social Psychology, 1997, 72 (1): 218–232.

[69] Elliot, A.J. McGregor, H.A. A2 × 2 Achievement Goal Framework [J]. Journal of Personality and Social Psychology, 2001, 80 (3): 501–519.

[70] Evans M.G., Gunz H.P., Jalland R. M. Implications of Organizational Downsizing for Managerial Careers [J]. Canadian Journal of Administrative Sciences, 1997, 14 (4): 359–371.

[71] Eysenck H. J. Genius: The Natural History of Creativity [M] // Genius: the Natural History of Creativity, Cambridge University Press, 1995.

[72] Farh, Cannella, Lee. Approaches to Scale Development in Chinese Man–

agement Research [J]. Management and Organization Review, 2006 (1): 301-318.

[73] Fay D., Sonnentag S. Rethinking the Effects of Stressors: A Longitudinal Study on Personal Initiative [J]. Journal of Occupational Health Psychology, 2002, 7 (3): 221.

[74] Folkman, S.Lazarus, R.S.Gruen, R.J. DeLongis, A.. Appraisal, Coping, Health Status, and Psychological Symptoms[J]. Journal of Personality and Social Psychology, 1986, 50 (3): 571-579.

[75] Fox, M.L. Dwyer, D.J. Ganster, D.C.. Effects of Stressful Job Demands and Control on Physiological and Attitudinal Outcomes in a Hospital Setting [J]. Academy of Management Journal, 1993, 36 (2): 269-318.

[76] Frese M., Garst H., Fay D. Making Things Happen: Reciprocal Relationships between Work characteristics and Personal Initiative in a Four-wave Longitudinal Structural Equation Model[J]. Journal of Applied Psychology, 2007, 92 (4): 1084-1102.

[77] Fried, Y. Ben-David, H.A. Tiegs, R.B. Avital, N. Yeverechyahu, U. The Interactive Effect of Role Conflict and Role Ambiguity on Job Performance [J]. Journal of Ocuupational and Organizational Psychology, 1998 (71): 19-27.

[78] Fried, Y. Rowland, K.M. Ferris, G.R. The Physiological Measurement of Work Stress: A Critique [J]. Personnel Psychology, 1984 (37): 583-615.

[79] Friedman R. S., Förster J. Effects of Motivational Cues on Perceptual Asymmetry: Implications for Creativity and Analytical Problem Solving [J]. Journal of Personality & Social Psychology, 2005, 88 (2): 263-75.

[80] Friedman S. D., Greenhaus J. H. Work and Family-Allies or Enemies? [J]. Academy of Management Executive, 2000, 47 (7): 358-364.

[81] Fritz, C.Sonnentag, S.. Antecedents of Day-level Proactive Behavior: A Look at Job Stressors and Positive Affect During the Workday? [J]. Journal of Management, 2009, 35 (1): 94-111.

[82] Frone, M.R. Are Work Stressors Related to Employee Substance Use? The Importance of Temporal Context Assessments of Alcohol and Illicit Drug Use [J].

Journal of Applied Psychology, 2008, 93 (1): 199–206.

[83] Fuller B., Marler L. E. Change Driven by Nature: A Meta–analytic Review of the Proactive Personality Literature [J]. Journal of Vocational Behavior, 2009, 75 (3): 329–345.

[84] Ganster D. C., Rosen C. C. Work Stress and Employee Health: A Multidisciplinary Review [J]. Journal of Management, 2013, 39 (5): 1085–1122.

[85] Ganster, D. C., Schaubroeck, J. Work Stress and Employee Health [J]. Journal of Management, 1991, 17 (2): 235–271.

[86] Ganster, D.C. Fox, M.L. Dwyer, D.J. Explaining Employees' Health Care Costs: A Prospective Examination of Stressful Job Demands, Personal Control, and Physiological Reactivity[J]. Journal of Applied Psychology, 2001, 86 (5): 954–964.

[87] Gardner D. G. Task Complexity Effects on Non–task–related Movements: A Test of Activation Theory [J]. Organizational Behavior & Human Decision Processes, 1990, 45 (2): 209–231.

[88] Gattiker U. E., Larwood L. Predictors for Managers' Career Mobility, Success, and Satisfaction [J]. Human Relations, 1988, 41 (8): 569–591.

[89] Golembiewske, R.T. Munzenrider, R.F. Phases of Burnout: Developments in Concepts and Applications [M]. New York: Mc–Graw–Hilc, 1998.

[90] Gorozidis, G. Papaioannou, A. Teachers' Self–efficacy, Achievement Goals, Attitudes and Intentions to Implement the New Greek Physical Education Curriculum [J]. European Pshysical and Education Review, 2011, 17 (2): 231–253.

[91] Grant A. M., Ashford S. J. The Dynamics of Proactivity at Work [J]. Research in Organizational Behavior, 2008, 28 (28): 3–34.

[92] Hackman J.R., Lawler E.E. Employee Reactions to Job Characteristics [J]. Journal of Applied Psychology, 1971 (55): 259–286.

[93] Hackman J.R., Oldham G.R. Development of the Job Diagnostic Survey [J]. Journal of Applied Psychology, 1975, 60 (2): 161.

[94] HaKanen, J.J. Bakker, A.B. Demerouti, E. How Dentists Cope with Their Job Demands and Stay Engaged: The Moderating Role of Job Resources[J]. European

Journal of Oral Sciences, 2005 (113): 479-487.

[95] Hakanen, J.J. Bakker, A.B. Schaufeli, W.B. Burnout and Work Engagement among Teachers [J]. Journal of School Psychology, 2006 (43): 495-513.

[96] Hakanen, J.J.. Schaufeli, W.B.. Ahola, K.. The Job Demands-resources Model: A Three-year Cross-lagged Study of Burnout, Depression, Commitment, and Work Engagement [J]. Work and Stress, 2008, 22 (3): 224-241.

[97] Halbesleben, J.R.B. Buckley, M.R. Burnout in Organizational Life [J]. Journal of Management, 2004, 30 (6): 859-879.

[98] Hall D. T. Careers In and Out of Organizations [J]. Rearch, 2002 (1): 7-10.

[99] Hall D. T. Protean Careers of the 21st Century [J]. The Academy of Management Executive (1993-2005), 1996, 10 (4): 8-16.

[100] Hall, D.T. Careers In and Out of Organizations [D]. Thousand Oaks, CA: Sage, 2002.

[101] Han Y., Wang M., Dong L. Role Conflict and the Buffering Effect of Proactive Personality among Middle Managers [J]. Social Behavior & Personality An International Journal, 2014, 42 (3): 473-486 (14).

[102] Hart, P.M. Wearing, A.J. Bruce, H. Police Stress and Well-being: Integrating Personality, Coping and Daily Work Experiences [J]. Journal of Occupational and Organizational Psychology, 1995, 68 (2): 133-156.

[103] Heslin P. A. Self-and Other-Referent Criteria of Career Success [J]. Journal of Career Assessment, 2003, 11 (3): 262-286.

[104] Hirst, G. Van Knippenberg, D. Zhou, J.. A Cross-level Perspective on Employee Creativity: Goal Orientation, Team Learning Behavior, and Individual Creativity [J]. Academy of Management Journal, 2009, 52 (2): 280-293.

[105] Hobfoll, S. E. The Influence of Culture, Community, and the Nested-self in the Stress Process: Advancing Conservation of Resources Theory [J]. Applied Psychology: An International review, 2001, 50 (3): 337-370.

[106] Hofmans J., Debusscher J., Dóci E., et al. The Curvilinear Relationship

between Work Pressure and Momentary Task Performance: The Role of State and Trait Core Self-evaluations [J]. Frontiers in Psychology, 2015, 6 (1680).

[107] Holman, D.J. Wall, T.D. Work Characteristics, Learning-related Outcomes, and Strain: A Test of Competing Direct Effects, Mediated, and Moderated Models [J]. Journal of Occupational Health Psychology, 2002 (7): 283-301.

[108] Howard, J.H., Cunningham, D.A., Rechnitzer, P.A. Role Ambiguity, Type A Behavior, and Job Satisfaction: Moderating Effects on Cardiovascular and Biochemical Responses Associated with Coronary Risk [J]. Journal of Applied Psychology, 1986, 71 (1): 95-101.

[109] Hutri M., Lindeman M. The Role of Stress and Negative Emotions in an Occupational Crisis [J]. Journal of Career Development, 2002, 29 (1): 19-36.

[110] Inkson K., Heising A., Rousseau D. M. The Interim Manager: Prototype of the 21st-Century Worker? [J]. Human Relations, 2001, 54 (3): 259-284.

[111] Irma B.F., Rajiv S. Organizational Knowledge Management: A Contingency Perspective[J]. Journal of Management Information Systems, 2001 (18): 23-55.

[112] Janoff-Bulman R. Shattered Assumptions: Towards a New Psychology of trauma [J]. Living with Terror, 1992.

[113] Janssen, O.. Fairness Perceptions As a Moderator in the Curvilinear Relationships between Job Demands, and Job Performance and Job Satisfaction [J]. Academy of Management Journal, 2001 (44): 1039-1050

[114] Jex, S.M. Bliese, P.D. Efficacy Beliefs As a Moderator of the Impact of work-related Stressors: A Multilevel Study[J]. Journal of Applied Psychology, 1999, 84 (3): 349-361.

[115] Jex, S.M. Bliese, P.D. Buzzell, S.Primeau, J. The Impact of Self-efficacy on Stressor-strain Relations: Coping Style As an Explanatory Mechanism [J]. Journal of Applied Psychology, 2001, 86 (3): 401-409.

[116] Jex, S.M. Elacque, T.C. Self-esteem As a Moderator: A Comparison of global and Organization-based Measures [J]. Journal of Occupational and Organiza-

tional Psychology, 1999 (72): 71-81.

[117] Jex, S.M. Gudanowski, D.M. Efficacy Beliefs and Work Stress: An Exploratory Study [J]. Journal of Organizational Behavior, 1992, 13 (5): 509-517.

[118] Johnson, J. V. & Hall, E. M. Job Strain, Work Place Social Support, and Cardiovascular Disease: A Cross-sectional Study of a Random Sample of the Swedish Working Population [J]. American Journal of Public Health, 1988 (78): 1336-1342.

[119] Jonge J. D., Janssen P. P. M., Van Breukelen G. J. P. Testing the Demand-Control-Support Model among Health-care Professionals: A Structural Equation Model [J]. Work & Stress, 1996, 10 (3): 209-224.

[120] Judge T. A., Higgins C. A., Thoresen C. J., et al. The Big Five Personality traits, General Mental Ability, and Career Success a [J]. Personnel Psychology, 1999, 52 (3): 621-652.

[121] Kahn, R., Wolfe, D., Quinn, R., Snoek, J., & Rosenthal, R. Organizational Stress: Studies in Role Conflict and Ambiguity [M]. New York: Wiley, 1964.

[122] Karasek R A. Job Demands, Job Decision Latitude, and Mental Strain: Implications for Job Redesign [J]. Administrative Science Quarterly, 1979, 24 (2): 285-308.

[123] Karasek R., Theorell T. Healthy Work: Stress, Productivity, and The Reconstruction of Working Life [J]. Quarterly Review of Biology, 1992, 19 (4): 671-81.

[124] Karasek, R., Baker, D., Marxer, F., Ahlbom, A. & Theorell, T. Job Decision Latitude, Job Demands, and Cardiovascular Disease: A Prospective Study of Swedish Men [J]. American Journal of Public Health, 1981 (71): 694-705.

[125] Karasek, R., Russel, R. & Theorell, T.. Physiology of Stress and Regeneration in Job Related Cardiovascular Illness [J]. Journal of Human Stress, 1982 (3): 29-42.

[126] Karasek, R., Theorell, T., Schwartz, J., Schnall, P., Pieper, C. &

Michela, J. Job Characteristics in Relation to the Prevalence of Myocardial Infarction in the U.S. HES and HANES [J]. American Journal of Public Health, 1988 (78): 910–918.

[127] Karasek, R.. Job Demands, Job Decision Latitude, and Mental Strain: Implications for Job Redesign [J]. Administrative Science Quarterly, 1979, 24 (2): 258–306.

[128] Keenan, A., McBain, G.D.M.. Effects of Type A Behavior, Intolerance of Ambiguity, and Locus of Control on the Relationship between Role Stress and Work–related Outcomes [J]. Journal of Occupational and Organizational, 1979, 52 (4): 277–285.

[129] Kennon, R.E, Keggi, J.M. Wetmore, R.S. Total Hip Arthroplasty through a Minimally Invasive Anterior surgical Approach [J]. The Journal of Bone & Joint Surgery, 2003 (85): 39–48.

[130] Kobasa, S. C., Maddi, S. R., Zola, M. A. Type A and Hardiness [J]. Journal of Behavioral Medicine, 1983, 6 (1): 41–51.

[131] Kushnir, T.Melamed, S. Work–load, Perceived Control and Psychological Distress in Type A/B Industrial Workers [J]. Journal of Organizational Behavior, 1991, 12 (2): 155–168.

[132] Lange A. H. D., Taris T. W., Jansen P., et al. On the Relationships among Work Characteristics and Learning–related Behavior: Does Age Matter? [J]. Journal of Organizational Behavior, 2010, 31 (7): 925–950.

[133] Lazarus R. S. A Laboratory Approach to the Dynamics of Psychological Stress [J]. Administrative Science Quarterly, 1963, 8 (2): 192–213.

[134] Lazarus, R.S. From Psychological Stress to the Emotions: A History of Changing Outlooks [J]. Annual Review of Psychology, 1993 (44): 1–21.

[135] Leiter, M. Burnout As a Developmental Process: Consideration of Models.In W.B. Schaufeli, C.Maslach, & T.Marek, Professional Burnout: Recent Developments in Theory and Research. Series in Applies Psychology: Social Issues and Questions [D]. Washington, D.C.: Taylor & Francis, 1993.

[136] Leiter, M.P. Coping Patterns As Predictors of Burnout: The Function of Control and Escapist Coping Patterns [J]. Journal of Organizational Behaviour, 1991, 12 (2): 123-144.

[137] Leiter, M.P. Maslach, C.. The Impact of Interpersonal Environment on Burnout and Organizational Commitment [J]. Journal of Organizational Behavior, 1988, 9 (4): 297-308.

[138] Lepine J. A., Podsakoff N. P., Lepine M. A. A Meta-Analytic Test of the Challenge Stressor-Hindrance Stressor Framework: An Explanation For Inconsistent Relationships among Stressors and Performance [J]. Academy of Management Journal, 2005, 48 (5): 764-775.

[139] Luo, W. Hogan, D. Paris, S.G. Predicting Singapore Students' Achievement Goals in Their English Study: Self-construal and Classroom Goal Structure [J]. Learning and Individual Differences, 2011 (21): 526-535.

[140] Ma T. I. G., Doef M. V. D., Maes S., et al. A Longitudinal Study of Job Stress in the Nursing Profession: Causes and Consequences [J]. Journal of Nursing Management, 2006, 14 (4): 289-299.

[141] Margot Van der Doef, Stan Maes. The Job Demand-Control (-Support) Model and Psychological Well-being: A Review of 20 Years of Empirical Research [J]. Work & Stress, 1999, 13 (2): 87-114.

[142] Marino, K. E., White, S. E.. Departmental Structure, Locus of Control, and Job Stress: The Effects of a Moderator [J]. Journal of Applied Psychology, 1985 (70): 782-784.

[143] Maslach, C. Jackson, S.E. Burnout in Health Professions: A Social Psychological Analysis [M]. New York: Wiley, 1980.

[144] Mcdonald K. S., Hite L. M. Reviving the Relevance of Career Development in Human Resource Development [J]. Human Resource Development Review, 2005, 4 (4): 418-439.

[145] Meurs J. A., Perrewé P. L. Cognitive Activation Theory of Stress: An Integrative Theoretical Approach to Work Stress[J]. Journal of the Southern Management

Association, 2011, 37 (4): 1043-1068.

[146] Michaud, K. Matheson, K. Kelly, O. Anisman, Hymie Impact of Stres-sors in a Natural Context on Release of Cortisol in Healthy Adult Humand: A Meta-analysis [J]. Journal of Management Official, 2008, 11 (3): 177-197.

[147] Moyle, P. The Role of Negative Affectivity in the Stress Process: Tests of Alternative Models[J]. Journal of Organizational Behavior, 1995, 16 (6): 647-668.

[148] Nicholson N. Motivation-selection-connection: An Evolutionary Model of career Development [J]. Career Frontiers: New Concepts of Working Life, 2000: 54-75.

[149] Nijstad, De Dreu, Rietzschel, Baas. The Dual Pathway to Creativity Model: Creative Ideation as a Function of Flexibility and Persistence [J]. European Review of Social Psychology, 2010, 21 (1): 34-77.

[150] Nunnally J. C. Introduction to Psychological Measurement [M]. McGraw-Hill, 1970.

[151] Nunnally, J. Psychometric Theory 2nd ed. [M] . New York, NY: Mc-Graw Hill, 1978.

[152] Ohnson, J. V. Hall, E. M. Job Strain, Work Place Social Support, and Cardiovascular Disease: A Cross-sectional Study of a Random Sample of the Swedish Working Population[J]. American Journal of Public Health, 1988, 78 (10): 1336-1342.

[153] Otis, N.Pelletier, L.G. Women's Regulation Styles for Eating Behaviors and Outcomes: The Mediating Role of Approach and Avoidanece Food Planning [J]. Motiv Emot, 2008 (32): 55-67.

[154] Ouweneel A. P., Taris T. W., Van Zolingen S. J., et al. How Task Characteristics and Social Support Relate to Managerial Learning: Empirical Evidence from Dutch Home Eare [J]. Journal of Psychology, 2009, 143 (1): 28-44.

[155] Park C. L., Cohen L. H., Murch R. L. Assessment and Prediction of Stress-related Growth [J]. Journal of Personality, 1996, 64 (1): 71-105.

[156] Park C. L., Cohen L. H. Religious and Nonreligious Coping with the

Death of a Friend [J]. Cognitive Therapy & Research, 1993, 17 (6): 561–577.

[157] Park C. L., Fenster J. R. Stress–Related Growth: Predictors of Occurrence and Correlates with Psychological Adjustment [J]. Journal of Social & Clinical Psychology, 2005, 23 (2): 195–215.

[158] Park C., Cohen L. H., Herb L. Intrinsic Religiousness and Religious Coping as life Stress Moderators for Catholics Versus Protestants [J]. Journal of Personality & Social Psychology, 1990, 59 (3): 562–574.

[159] Parker S. K., Bindl U. K., Strauss K. Making Things Happen: A Model of Proactive Motivation [J]. Journal of Management, 2010, 36 (4): 827–856.

[160] Parker S. K., Sprigg C. A. Minimizing Strain and Maximizing Learning: The Role of Job Demands, Job Control, and Proactive Personality[J]. Journal of Applied Psychology, 1999, 84 (6): 925.

[161] Penney, L.M. Spector, P.E. Job Stress, Incivility, and Counterproductive Work Behavior (CWB): The Moderating Role of Negative Affectivity[J]. Journal of Organizational Behavior, 2005, 26 (7): 777 –796.

[162] Perrewe, P. L., Zellars, K. L.. An Examination of Attributions and Emotions in the Transactional Approach to the Organizational Stress Process [J]. Journal of Organizational Behavior, 1999, 20 (5): 739–752.

[163] Pintrich, P.R. An Achievement Goal Theory Perspective on Issues in Motivation Terminology, Theory, and Research [J]. Contemporary Educational Psychology, 2000 (25): 92–104.

[164] Powell T., Hubschman B., Doran M. Career Development through Informal Learning: A Review of the Literature [C] //AHRD 2001 Conference, 2001.

[165] Reitman F., Schneer J. A. The Promised Path: A Longitudinal Study of Managerial Careers[J]. Journal of Managerial Psychology, 2003, 18 (1): 60–75.

[166] Renate Rau. Learning Opportunities at Work as Predictor for Recovery and Health [J]. European Journal of Work & Organizational Psychology, 2006, 15 (2): 158–180.

[167] Roedel, T.D. Schraw, G. Plake, B.S. Validation of a Measure of Learn–

ing and Performance Goal Orientations [J]. Educational and Psychological Measurement, 1994, 54 (4): 1013-1021.

[168] Rosenthal T. L., Zimmerman B. J. Social Learning and Cognition [J]. Educational Researcher, 1978, 2 (1): 212-216.

[169] Rothbaum, F., Weisz, J. R., Snyder, S. S.. Changing the World and Changing the Self: a Two-process Model of Perceived Control [J]. Journal of Personality and Social Psychology, 1982, 42 (1): 5-37.

[170] Rubenson D. L., Runco M. A. The Psychoeconomic Approach to Creativity [J]. New Ideas in Psychology, 1992, 10 (2): 131-147.

[171] Rusk, N. Tamir, M. Rothbaum, F. Performance and Learning Goals for Emotion Regulation [J]. Motivation and Emotion, 2011 (35): 444-460.

[172] Rystedt, L.W. Cropley, M. Devereux, J.J. Georgia, M. The Relationship between Long-term Job Strain and Morning and Evening Saliva Cortisol Secretion among White-collar Workers [J]. Journal of Occupational Health Psychology, 2008, 13 (2): 105-113.

[173] Schaefer J. A., Moos R. H. Life Crises and Personal Growth [C]. 1992: 149-170.

[174] Schaubroeck, J. Should the Subjective be the Objective? On Studying mental Processes, Coping Behavior, and Actual Exposures in Organizational Stress Research [J]. Journal of Organizational Behavior, 1999, 20 (5): 753-760.

[175] Schaubroeck, J. Ganster, D.C. Kemmerer, B.E. Job Complexity, "Type A" Behavior, and Cardiovascular Disorder: A Prospective Study [J]. Academy of Management Journal, 1994, 37 (2): 426-439.

[176] Schaubroeck, J. Jones, J.R. Xie, J.L. Individual Differences in Utilizing Control to Cope with Job Demands: Effects on Susceptibility to Infectious Disease [J]. Journal of Applied Psychology, 2001, 86 (2): 265-278.

[177] Schaubroeck, J. Judge, T.A. Taylor, L.A. Influences of Trait Negative Affect and Situational Similarity on Correlation and Convergence of Work Attitudes and Job Stress Perceptions Across Two Jobs [J]. Journal of Management, 1998, 24

（4）：553–576.

[178] Schaubroeck，J.Lam，S.K.Xie，J.L..Collective Efficacy Versus Self–efficacy in Coping Responses to Stressors and Control：A Cross–cultural Study [J]. Journal of Applied Psychology，2000，85（4）：512–525.

[179] Schaubroeck，J. Merritt，D. E. Divergent Effects of Job Conrol on Coping with Work Stressors：The Key Role of Self–efficacy [J]. Academy of Management Journal，1997，40（3）：738–754.

[180] Schauvroeck，J.Ganster，D.C.Fox，M.L.. Dispositional Affect and Work–related Stress [J]. Journal of Applied Psychology，1992，77（3）：322–335.

[181] Schein E. H. Career Dynamics：Matching Individual and Organizational Needs [J]. Addison–Wesley Pub. Co.（Reading，Mass.），1978.

[182] Schmidt–Daffy，M.Velocity Versus Safety：Impact of Goal Conflict and task Difficulty on Drivers'behaviour，Feelings of Anxiety，and Electrodermal Responses [J]. Transportation Research，2012（15）：319–332.

[183] Schwartz，B.，Ward，A.，Monterosso，J.，Lyubomirsky，S.，White，K. & Lehman，D. R.. Maximizing Versus Satisficing：Happiness Is a Matter of Choice [J]. Journal of Personality and Social Psychology，2002，83（5）：1178–1197.

[184] Schwartz，J.，Pieper，C.，Karasek，R.. A Procedure for Linking Psychosocial Job Characteristics Data to Health Surveys [J]. American Journal of Public Health，1988（78）：904–909.

[185] Seashore S. E.，Taber T. D. Job–Satisfaction Indicators and Their Correlates [J]. American Behavioral Seientist，1975，18（4）：333–368.

[186] Seibert S. E.，Crant J. M.，Kraimer M. L. Proactive Personality and Career Success [J]. Journal of Applied Psychology，1999，84（3）：416.

[187] Seibert S. E.，Kraimer M. L.，Crant J. M. What do Proactive People Do? A Longitudinal Model Linking Proactive Personality and Career Success [J]. Personnel Psychology，2001，54（4）：845–874.

[188] Seibert S. E.，Kraimer M. L. The Five–factor Model of Personality and Career Success [J]. Journal of Vocational Behavior，2001，58（1）：1–21.

[189] Selye, H. The Stress of Life [M]. New York: Mc-Graw-Hill, 2006.

[190] Shin H., Park Y. M., Ying J. Y., et al. Relationships between Coping Strategies and Burnout Symptoms: A Meta-analytic Approach [J]. Professional Psychology Research & Practice, 2014, 45 (1): 44.

[191] Siegrist, J., Starke, D., Chandola, T., Godin, I., Marnot, M., Niedhanner, I. & Peter, R.. The Measurement of Effort-reward Imbalance at Work: European Comparisons [J]. Social Science & Medicine, 2004 (58): 1483-1499.

[192] Simonton D. K. Origins of Genius [J]. Psyccritiques, 1999, 51 (15).

[193] Simonton, D. K. Origins of Genius: Darwinian Perspectives on Creativity [M]. New York: Oxford University Press, 1999.

[194] Skule S. Learning Conditions at Work: A Framework to Understand and Assess Informal Learning in the Workplace [J]. International Journal of Training & Development, 2004, 8 (1): 8-20.

[195] Snell, S.A. Lepak, D.P. Dean, Jr. J.W.. Younet, M.A.. Selection and Training for Integrated Manufacturing: The Moderating Effects of Job Characteristics [J]. Journal of Management Studies, 2000, 37 (3): 445-466.

[196] Sonnentag, S. Binnewies, C. Moja, E.J. Staying Well and Engaged When Demands are High: The Role of Psychological Detachment [J]. Journal of Applied Psychology, 2010, 95 (5): 965-976.

[197] Staw B. M., Sandelands L. E., Dutton J. E. Threat-rigidity Effects in Organizational Behavior: A Multilevel Analysis[J]. Administrative Science Quarterly, 1981, 26 (4): 501-524.

[198] Storms, P. L., Spector, P. E. Relationship of Organizational Frustration with Reported Behavioral Reactions: The Moderating Effect of Locus of Control [J]. Journal of Occupational Psychology, 1987 (60): 227-234.

[199] Taris T. W., Feij J. A. Learning and Strain among Newcomers: A Three-wave Study on the Effects of Job Demands and Job Control[J]. J Psychol, 2004, 138 (6): 543-563.

[200] Taris T. W., Kompier M. A. J., De Lange A. H., et al. Learning New

Behaviour Patterns: A Longitudinal Test of Karasek's Active Learning Hypothesis among Dutch Teachers [J]. Work & Stress, 2003, 17 (1): 1–20.

[201] Taris T. W., Kompier M. A. J., Geurts S. A. E., et al. Professional Efficacy, Exhaustion, and Work Characteristics among Police Officers: A Longitudinal Test of the Learning–related Predictions of the Demand–control Model [J]. Journal of Occupational & Organizational Psychology, 2010, 83 (2): 455–474.

[202] Taylor S E. Adjustment to Threatening Events: A Theory of Cognitive Adaptation [J]. American Psychologist, 1983, 38 (11): 1161–1173.

[203] Tedeschi R. G., Calhoun L. G.. The Posttraumatic Growth Inventory: Measuring the Positive Legacy of Trauma [J]. J Trauma Stress, 1996, 9 (3): 455–471.

[204] Tedeschi R. G., Calhoun L. G. Trauma & Transformation: Growing in the Aftermath of Suffering [J]. Psyccritiques, 1995, 42 (2): 7–10.

[205] Tedeschi R., Calhoun L., Gross B. Construing Benefits from Negative events: An Examination of Personality Variables [C] //Annual Meeting of the American Psychological Association, Toronto, 1993.

[206] Tennen H., Affleck G., Urrows S., et al. Perceived Control, Construing Benefits, and Daily Processes in Rheumatoid Arthritis [J]. Canadian Journal of Behavioural Science, 1992, 24 (2): 186–203.

[207] Thorndike E. L., Bregman E. O., Lorge I., et al. Prediction of Vocational Success [J]. Rearch, 1934 (1): 7–10.

[208] Toon W. Taris, Jan A. Feij. Learning and Strain among Newcomers: A Three–Wave Study on the Effects of Job Demands and Job Control [J]. Journal of Psychology, 2004, 138 (6): 543–563.

[209] Tornau K., Frese M. Construct Clean–Up in Proactivity Research: A Meta–Analysis on the Nomological Net of Work–Related Proactivity Concepts and their Incremental Validities [J]. Applied Psychology, 2013, 62 (1): 44–96.

[210] Totterdell, P.Wood, S.Wall, T. An Intra–individual Test of the Demands–control Model: A Weekly Diary Study of Psychological Strain in Portfolio

Workers [J]. Jouranl of Occupational and Organizational Psychology, 2006 (79): 63-84.

[211] Turner A. N., Lawrence P. R. Industrial Jobs and the Worker [M]. Boston: Harvard University Graduate School of Business Administration, 1965.

[212] Turner R. H. Sponsored and Contest Mobility and the School System [J]. American Sociological Review, 1960, 25 (6): 855-867.

[213] Ursin, H. Eridsen, H.R. The Cognitive Activation Theory of Stress [J]. Psychoneuroendocrinology, 2004 (29): 567-592.

[214] Van der Doef, M., & Maes, S. The Job Demand-control (-support) Model and Psychological Well-being: A Review of 20 Years of Empirical Research [J]. Work & Stress, 1999 (13): 87-114.

[215] Van Yperen, N. W., & Mariet Hagedoorn. Do High Job Demands Increase Intrinsic Motivation or Fatigue or Both? The Role of Job Control and Job Social Support [J]. Academy of Management Journal, 2003 (46): 339-348.

[216] Van Yperen, N.W. Janssen, O. Fatigued and Dissatisfied or Fatigued But Satisfied? Goal Orientations and Responses to High Job Demands[J]. Academy of Management Journal, 2002, 45 (6): 1161-1171.

[217] VanYperen, N.W. Janssen, O. Feeling Fatigued and Dissatisfied or Feeling Fatigued But Satisfied? Employees' Goal Orientations and Their Responses to High Job Demands[J]. Academy of Management Journal, 2002, 45 (6): 1161-1171.

[218] Vives, J. Catharsis: Psychoanalysis and the Theatre [J]. The International Journal of Psychoanalysis, 2011 (92): 1009-1027.

[219] Warr P. The Measurement of Well-being and Other Aspects of Mental Health [J]. Journal of Occupational & Organizational Psychology, 1990, 63 (3): 193-210.

[220] Watson, D. Pennebaker, J. W. Health Complaints, Stress, and Distress: Exploring the Central Role of Negative Affectivity [J]. Psychological Review, 1989, 96 (2): 234-254.

[221] Wielenga-Meijer E. G. A., Taris T. W., Kompier M. A. J., et al. From

Task Characteristics to Learning: A Systematic Review [J]. Scandinavian Journal of Psychology, 2010, 51 (5): 363-375.

[222] Wilkowski, & Robinson, M. D. The Anatomy of Anger: An Integrative Cognitive Model of Trait Anger and Reactive Aggression [J]. Journal of Personality, 2010 (78): 9-38.

[223] Xanthopoulou, D.. Bakker, A.B.. Demerouti, E.. Schaufeli, W.B.. The Role of Personal Resources in the Job Demands-resources Model [J]. International Journal of Stress Management, 2007, 14 (2): 121-141.

[224] Xie jia lin.Johns, G. Job Scope and Stress: Can Job Scope be Too High? [J]. Academy of Management Journal, 1995, 38 (5): 1288-1309.

[225] Xie JL. Karasek's Modelinthe Pople Re Epublicof China: Effects of J b Dmands, Control, and Idividual Dfferences [J]. Academy of Management Journal, 1996, 39 (6): 1594-1681.

[226] Xie, J.L. Johns, G. Job Scope and Stress: Can Job Scope be Too High? [J]. Academy of Management Journal, 1995, 38 (5): 1288-1309.

[227] Xie, Jia Lin. Karasek's Model in the People's Republic of China: Effects of Job Demands, Control, and Individual Differences [J]. Academy of Management Journal, 1996, 39 (6): 1594-1618.

[228] Yanai H., Ichikawa M. Factor Analysis [J]. Handbook of Statistics, 2006, 26 (2): 257-296.

[229] Yuan F., Zhou J. Differential Effects of Expected External Evaluation on Different Parts of the Creative Idea Production Process and on Final Product Creativity [J]. Creativity Research Journal, 2008, 20 (4): 391-403.

[230] Zhao X., Yu L. L., Kang H., et al. Combined Moderating Effect of Achievement Goal Orientations in Work Stress [C] // International Conference on Management Science & Engineering, IEEE, 2014: 977-982.

[231] Zhou J. Differential Effects of Expected External Evaluation on Different Parts of the Creative Idea Production Process and on Final Product Creativity [J]. Creativity Research Journal, 2008, 20 (4): 391-403.

[232] A.班杜拉，缪小春. 自我效能：控制的实施［M］. 上海：华东师范大学出版社，2003.

[233] A.班杜拉. 思想和行动的社会基础：社会认知论［M］. 上海：华东师范大学出版社，2001.

[234] 伯格. 人格心理学（第八版）[M]. 陈会昌译. 北京：中国轻工业出版社，2006.

[235] 卜蒙. 绩效压力、学习意愿与员工绩效改进的关系［D］. 东北财经大学博士学位论文，2013.

[236] 布莱克，穆顿. 新管理方格［M］. 北京：中国社会科学出版社，1986.

[237] 曹贵民. 近代中国向西方学习的历程与启示［J］. 刊授党校，1997（8）：20-21.

[238] 陈晓萍，徐淑英，樊景立. 组织与管理研究的实证方法［M］. 北京：北京大学出版社，2012.

[239] 崔巍. 头脑风暴法在产品开发中的应用［J］. 企业改革与管理，2011（5）：60-62.

[240] 道格拉斯·麦格雷戈. 企业的人性面［M］. 北京：中国人民大学出版社，2007.

[241] 邓丽芳，郑日昌，组织沟通对成员工作压力的影响：质、量结合的实证分析［J］. 管理世界，2008（1）：105-114.

[242] 杜鹏程，倪清，贾玉立. 压力促进还是抑制了创新［J］. 科技进步与对策，2014.

[243] 傅家骥等. 科学技术创新学［M］. 北京：清华大学出版社，1998.

[244] 甘凯，赵欣. 工作压力与员工学习互惠关系纵贯研究——以研发人员为例［J］. 科技进步与对策，2013，30（19）：148-152.

[245] 郭志刚. 社会统计分析方法：SPSS 软件应用［M］. 北京：中国人民大学出版社，1999.

[246] 郭志刚. 社会统计分析方法：SPSS 软件应用［M］. 北京：中国人民大学出版社，2015.

[247] 胡高喜，张嘉云，郭丹丽. 浅谈新入职大学生员工工作压力的现状及

应对策略［J］. 现代营销，2017（5）：101-102.

［248］黄斌，朱缜，林雪琴. 积极情绪视角下的工作压力源对工作投入的影响研究——基于金融服务业的数据［J］. 中国劳动，2015（9X）：97-102.

［249］黄肖. 员工工作压力、心理健康与宽恕之间的关系研究［D］. 天津师范大学博士学位论文，2017.

［250］江世虎，周建跃，温红蕾. 工作压力大内分泌紊乱［N］. 健康报，2005-12-14（002）.

［251］教育心理学编写组. 教育心理学［M］. 西安：西北大学出版社，2010.

［252］卡罗尔·德韦克. 心理定向与成功［M］. 北京：北京人民邮电出版社，2007.

［253］克瑞斯·阿吉里斯. 个性与组织［M］. 北京：中国人民大学出版社，2008.

［254］乐国安. 斯金纳的心理学研究方法［J］. 心理科学，1982（2）：3-7.

［255］李济含，刘淑莲. 国有企业并购影响高管升职加薪吗——基于国企高管双重身份的视角［J］. 山西财经大学学报，2016，38（12）：89-102.

［256］李坚飞，任理. 自我认知、工作压力对知识型员工创新行为的影响——基于人—环境匹配的行为视角［J］. 商学研究，2017，24（6）：24-32.

［257］李伟希：创新思维之"随机诱因"［EB/OL］. http：//blog.sina.com.cn/s/blog_51ede8050102x3sd.html，2013.

［258］李志刚. 组织中员工工作压力与创新绩效关系研究［D］. 重庆理工大学博士学位论文，2015.

［259］李中亮. 桑代克成人学习理论及其启示［J］. 成人教育，2007（1）：30-32.

［260］林祺. 80后工作压力最大　男女减压方式不同［N］. 重庆晨报，2017-11-21（004）.

［261］刘得格，时勘，王永丽，等. 挑战性—阻碍性压力源与工作投入和满意度的关系［J］. 管理科学，2011，24（2）：1-9.

［262］刘莉，赵雪. 工作强度大、心理压力大成影响科技工作者健康最大"杀手"［N］. 科技日报，2011-03-01（005）.

[263] 刘宁，张正堂. 无边界职业生涯时代职业成功的评价标准［J］. 经济管理，2006（9）：66-70.

[264] 刘璞，谢佳琳，井润田. 国有企业员工工作压力与工作满意度关系的实证研究［J］. 中国软科学，2005（12）：121-126.

[265] 刘新梅，韩骁，崔天恒，白杨. 工作压力、情绪状态与员工创造力的关系研究［J］. 统计与信息论坛，2015，30（7）：84-89.

[266] 刘玉新，张健卫. 高层管理者的工作压力、社会支持及二者关系研究［J］. 南开管理评论，2005，8（6）：9-16.

[267] 龙书芹. 职业成功测量：主客观指标的整合及实证研究［J］. 华中师范大学学报（人文社会科学版），2010，49（4）：52-57.

[268] 卢忠耀，陈建文. 大学生批判性思维倾向与学习投入：成就目标定向、学业自我效能的中介作用［J］. 高等教育研究，2017（7）：7-14.

[269] 鲁尧贤. 西学输入和中国社会的进步［J］. 阜阳师范学院学报（社会科学版），1986（2）：22-28.

[270] 罗辉辉，孙飞. 情绪宣泄方式与心理健康的关系研究［J］. 科协论坛（下半月），2010（9）：62-63.

[271] 马剑虹，张廷文. 角色认知、控制感及工作压力的关系分析［J］. 人类工效学，1999，5（4）：15-19.

[272] 马利文. 桑代克迷笼［J］. 人民教育，2000（5）：44-44.

[273] 毛翠云，林香，侯文静. 新生代员工工作压力对工作绩效的影响——基于心理资本中介作用的实证研究［J］. 中国集体经济，2018（12）：7-10.

[274] 米尔科维奇，纽曼，董克用. 薪酬管理（第6版）［M］. 北京：中国人民大学出版社，2002.

[275] 莫雷. 西方两大派别学习理论发展过程的系统分析［J］. 华南师范大学学报（社会科学版），2003（4）：103-110.

[276] 彭剑峰. 人力资源管理概论［M］. 上海：复旦大学出版社，2005.

[277] 邱晨辉，蔡宁宁，苏琬茜. "青稞"最愁"跑经费""争项目"［N］. 中国青年报，2017-05-31（3）.

[278] 舒晓兵，廖建桥. 国企管理人员工作压力源与工作满意度实证研究

[J]. 工业工程与管理，2003，8（2）：34-37.

[279] 舒晓兵. 管理人员工作压力与工作效率的影响研究——以国有企业与民营企业为例 [J]. 南开管理评论，2006，9（3）：44-49.

[280] 宋黎胜. 工作压力大成中青年睡眠不足主因 [N]. 健康报，2007-3-19（002）.

[281] 涂红伟，严鸣，周星. 工作设计对知识型员工和体力工作者的差异化影响：一个现场准实验研究 [J]. 心理学报，2011，43（7）：810-820.

[282] 屠兴勇，何欣，郭娟梅. 批判性思维对员工创新行为的影响——一个有调节的中介效应模型 [J]. 科学学与科学技术管理，2015，36（10）：169-180.

[283] 屠兴勇，王泽英，何欣，等. 批判性反思、创新性过程投入与创新行为——来自科技型企业员工的实证研究 [J]. 科学学与科学技术管理，2017，38（3）：126-138.

[284] 王卫平，薛朝霞，牛利，等. 应对方式在工作压力与心理健康之间的中介作用机制 [J]. 中国卫生统计，2012，29（3）：330-332.

[285] 王雁飞，凌文辁，朱瑜. 成就目标定向、自我效能与反馈寻求行为的关系 [J]. 心理科学，2004，27（1）：203-206.

[286] 王颖，倪超，刘秋燕. 中国公务员职业倦怠的产生过程：社会支持与应对方式的调节效应 [J]. 中国行政管理，2015（4）.

[287] 翁清雄，席酉民. 企业员工职业成长研究：量表编制和效度检验 [J]. 管理评论，2011，23（10）：132-143.

[288] 翁清雄，席酉民. 职业成长理论研究简评 [J]. 预测，2010，29（6）：1-7.

[289] 肖计划，许秀峰. “应付方式问卷”效度与信度研究 [J]. 中国心理卫生杂志，1996（4）：164-168.

[290] 徐宏飞. 愤怒的发泄有益还是有害？——言语方式的情绪宣泄对攻击性水平的影响 [D]. 浙江师范大学博士学位论文，2013.

[291] 许小东. 管理者工作内源压力与外源压力的结构模型研究 [J]. 管理工程学报，2007，21（1）：36-40.

[292] 叶浩生. 论班杜拉观察学习理论的特征及其历史地位 [J]. 心理学报，

1994，26（2）：201-207.

［293］衣春霞，武任恒.职业压力对高职院校教师的积极作用和消极作用［J］.江西科技师范大学学报，2014（1）：91-94.

［294］于文宏，李焰.工作压力研究综述［J］.沈阳大学学报（社会科学版），2006，8（1）：67-70.

［295］张辰.面对挫折我该怎么办？［J］.中外管理，2004（9）：93-94.

［296］张敏.任务紧迫性下项目创新行为实验研究——基于情绪的调节作用［J］.工作研究，2012（1）：7-14.

［297］张锐.要工作也要健康，职业人群须警惕身体“透支”［N］.工人日报，2011-8-2（007）.

［298］张炜.技术创新过程模式的发展演变及战略集成［J］.科学学研究，2004（1）：94-98.

［299］张秀兰，王卡拉.工作压力大是影响睡眠的“罪魁祸首”［N］.新京报，2018-3-20（D02）.

［300］张亚军，肖小虹.挑战性—阻碍性压力对员工创造力的影响研究［J］.科研管理，2016，37（6）：10-18.

［301］张一弛，刘鹏，尹劲桦，等.工作特征模型：一项基于中国样本的检验［J］.经济科学，2005，27（4）：117-125.

［302］张韫黎，陆昌勤.挑战性—阻断性压力（源）与员工心理和行为的关系：自我效能感的调节作用［J］.心理学报，2009，41（6）：501-509.

［303］赵西萍，赵欣，黄越.Karasek 工作压力模型的扩展：自我效能感与工作控制匹配性模型的实证研究［J］.中国软科学，2008（10）：108-117.

［304］赵西萍，刘玲，张长征.员工离职倾向影响因素的多变量分析［J］.中国软科学，2003（3）：71-74.

［305］赵晓庆，许庆瑞.自主创新模式的比较研究［J］.浙江大学学报（人文社会科学版），2009，39（4）：55-62.

［306］赵欣，刘倩，于玲玲.工作压力学习效应研究述评与三元互惠模型构建［J］.外国经济与管理，2013，35（2）：52-62.

［307］赵欣，赵西萍，汪永星，陈威.成就目标导向对工作要求与工作压力

关系的调节效应研究［J］. 应用心理学，2011（4）：359–364.

［308］赵欣，赵西萍，周密，等. 组织行为研究的新领域：积极行为研究述评及展望［J］. 管理学报，2011，8（11）：1719.

［309］赵欣，赵西萍. 自我效能感与工作控制的匹配性模型——对 Karasek 工作压力模型的扩展［J］. 预测，2010，29（1）：27–34.

［310］赵欣，赵西萍，梁栋. Karasek 工作压力扩展模型的实证研究［J］. 软科学，2009，23（4）：127–132.

［311］赵秀清. 工作压力与工作绩效关系研究——积极应对策略的视角［J］. 中国管理科学，2014（S1）：7–14.

［312］郑有珠. 教师在压力情境下的应对方式与社会支持［J］. 佳木斯大学社会科学学报，2003，21（4）：73–75.

［313］周文霞，孙健敏. 中国情境下职业成功观的内容与结构［J］. 中国人民大学学报，2010，24（3）：124–133.

［314］周洋，张庆普. 颠覆式创新风险分析及规避策略［J］. 科技进步与对策，2014（20）：1–6.

［315］朱丽丽. 功能性胃肠疾病与压力大密切相关［N］. 光明日报，2006-05-11（008）.

［316］朱元康. 积极压力、创新自我效能感与员工创新工作行为的相关研究［D］. 河南大学博士学位论文，2013：7–10.